新时代高效农业科研团队建设

师雪茹　陈　洁　常偲偲　主编

王鹤儒　黄　华　洪　双　邬慧彧　李唯一　张捷敏　副主编

中国农业科学技术出版社

图书在版编目(CIP)数据

新时代高效农业科研团队建设 / 师雪茹，陈洁，常偲偲主编. --北京：中国农业科学技术出版社，2022.9

ISBN 978-7-5116-5920-0

Ⅰ.①新…　Ⅱ.①师…②陈…③常…　Ⅲ.①农业科学-科学研究组织机构-建设-研究-中国　Ⅳ.①S-242

中国版本图书馆 CIP 数据核字(2022)第 170970 号

责任编辑　姚　欢
责任校对　马广洋
责任印制　姜义伟　王思文

出 版 者　中国农业科学技术出版社
北京市中关村南大街 12 号　　邮编：100081
电　　话　(010) 821006631 (编辑室)　　(010) 82109702 (发行部)
(010) 82109709 (读者服务部)
网　　址　https://castp.caas.cn
经 销 者　各地新华书店
印 刷 者　北京建宏印刷有限公司
开　　本　170 mm×240 mm　1/16
印　　张　14
字　　数　300 千字
版　　次　2022 年 9 月第 1 版　2022 年 9 月第 1 次印刷
定　　价　80.00 元

《新时代高效农业科研团队建设》

编 委 会

主　　编：师雪茹　陈　洁　常偲偲

副 主 编：王鹤儒　黄　华　洪　双　邬慧彧
　　　　　李唯一　张捷敏

编写人员：师雪茹　陈　洁　常偲偲　王鹤儒
　　　　　黄　华　洪　双　邬慧彧　李唯一
　　　　　张捷敏　徐　晴　赵师琦　何庆红

前　言

自党的十八大提出实施创新驱动发展战略以来，创新引领科技强国建设进入新阶段。《国家创新驱动发展战略纲要》明确提出，“2030 年跻身创新型国家前列，2050 年建成世界科技创新强国”，为我国科技创新发展指明前进方向。

2017 年 10 月，习近平总书记在党的十九大报告中指出，经过长期努力，中国特色社会主义进入了新时代，这是我国发展新的历史方位。当前，我国已经开启全面建设社会主义现代化国家新征程，创新是我国现代化建设全局的核心内容，科技自立自强是国家实现长远发展的战略支撑。

新时代，科技工作者重任在肩，使命光荣。习近平总书记强调：“我国广大科技工作者要把握大势、抢占先机，直面问题、迎难而上，瞄准世界科技前沿，引领科技发展方向，肩负起历史赋予的重任，勇做新时代科技创新的排头兵。”人才兴则科技兴，新时代如何用好科技人才，如何打造高效农业科研创新团队，是科技强国的关键所在。中国热带农业科学院根据院重点创新领域、重点学科建设的需要，以研究所为依托，以本单位科技人员为基础，通过有效合作和跨所整合，从 2017 年起共建设了 36 支院级创新团队，本书以中国热带农业科学院部分所站为例，探索新时代高效农业科研团队建设的路径。

本书共 9 章。第一章为科研院所团队建设研究背景和意义。第二章为科研院所团队建设概述，主要根据农业科研团队的特点，有针对性地分析农业科研团队建设的关键影响因素，从而为构建高效农业科研院所团队建设提供参考。第三章为高效农业科研团队建设：党的建设是灵魂，研究在全面从严治党和乡村振兴背景下，通过“党的嵌入”引领农业科研创新团队创新能力和竞争力提升的实施路径。第四章为高效农业科研团队建设：制度改革是基础，从规范科研创新团队建设计划和实施方案，以及深化科研院所制度改革两方面去探索如何进行制度改革，促进创新团队和谐管理和有序健康发展。第五章为高效农业科研团队建设：人才引培是抓手，主要阐述了胜任力和领导力的基础理论，梳理了国家和海南省科技人才方面的政策，通过SWOT分析（态势分析），提出高效农业科研团队人才引进的战略选择，以农业农村部关于四类人才的培养为导向，进行高效农业团队成员培训思路分析，并提出了培训对策。第六章为高效农业科研团队建设：绩效提升是目的，主要阐述了绩效管理与绩效考核、绩效计划制定、绩效指标体系建设与优化、科研团队绩效管理等基础理论，梳理了国家关于绩效管理方面的人才政策，通过农业农村部开展的绩效试点工作，介绍了某科研单位绩效管理的主要做法和绩效评价的优化实践，最后进行了高绩效工作系统的路径探索。第七章为高效农业科研团队建设：条件支撑是保障。第八章为高效农业科研团队建设：文化建设是聚力。第九章为中国热带农业科学院优秀科研创新团队领军人物风采，主要通过介绍优秀科研创新团队风采和优秀科研创新团队领军人物风采，为农业科研院所团队建设提供案例借鉴。

在本书的编写过程中，我们兢兢业业、如履薄冰，认真研读了国内外许多专家和学者的著作，并借鉴了其中部分内容，在此谨向他们表示深深的感谢！

由于编者水平有限，加之时间仓促，书中难免存在不足之处，敬请各位读者和同仁提出宝贵意见。

编　者

2022 年 6 月

目　　录

第一章　研究背景和意义

一、研究背景和意义

（一）适应新时代发展的要求

2017 年 10 月，习近平总书记在党的十九大报告中指出，经过长期努力，中国特色社会主义进入了新时代，这是我国发展新的历史方位。在这一新的历史方位上，中华民族迎来了从站起来、富起来到强起来的伟大飞跃。

党的十八大以来的五年，是我国科技改革创新进程中极不平凡的五年。作为习近平新时代中国特色社会主义思想的重要内容，习近平总书记关于新时代中国特色社会主义科技创新思想在实践中形成，指引我国科技创新在历史性变革中加速跨越，夯实中国具有全球影响力的科技大国地位。

与中国特色社会主义进入新时代同步，中国科技创新事业也进入了新时代。这个新时代，意味着进入创新型国家行列迈入冲刺攻坚期并开启世界科技强国建设新征程。这个新时代，是新起点上科技改革创新一切工作的根本背景，是我们谋划科技改革创新、投身科技改革创新的基本出发点。

（二）建设创新型国家的需求

党的十九大对加快创新型国家建设做出了战略部署，从四大方面提出了实施创新驱动发展战略、加快建设创新型国家的具体举措。一是瞄准世界科技前沿，实现前瞻性、引领性的基础研究科技创新；二是旨在转化现实生产力、推动经济迈向全球价值链中高端的应用基础研究科技创新；三是有利于调动创新积极性、促进科技成果转化的科技体制机制创新；四是培养创新人才和创新团队的科技人才队伍建设。农业科研机构是创新型国家建设的主要力量，是国家创新系统自主创新能力集成与提升的主力军。创新团队作为农业科研院所的基本单元，他们的建设和发展是国家创新系统顺利运作的关键，着力加强创新团队和创新人才队伍建设，真正发挥科技人才在创新团队中的核心要素作用，是实施创新驱动发展战略的重要途径。

（三）国家对青年科技人才的高度重视

2022年5月30日，中国科协召开2022年全国科技工作者日座谈会。会上，中国科协、教育部、科技部、共青团中央、中国科学院、中国工程院、国防科工局、国家自然科学基金委员会八部门联合发出《关于支持青年科技人才全面发展联合行动倡议》（以下简称《倡议》），号召有关单位和社会各界开展支持青年科技人才全面发展联合行动，为加快建设世界重要人才中心和创新高地提供不竭动力。八部委的《倡议》，说明了国家对青年科技人才发展的高度重视。而高效农业科研团队的重要组成包括带头人、青年科技人才和辅助人员，青年科技人员是团队开展项目和实施任务的绝对主力，也是发展为团队带头人的后备力量。

《倡议》提出，要关心青年科技人才所思所想。建设网上科技工作者之家、科技人才信息平台、"一站式"服务平台等党和政府联系青年科技人才的线上平台，健全思想状况调查机制，及时准确把握思想动态；开通心理咨询服务热线，为青年科技人才提供心理辅导和压力舒缓；帮助解决好青年科技人才在创新创业、婚恋交友、老人赡养、子女教育等方面的操心事、烦心事，切实维护其合法权益。

要大力弘扬科学家精神。扩大科学大师名校宣传工程、学风传承行动等项目支持力度和覆盖范围，提高"最美科技工作者""最美教师""大国工匠"等典型宣传中的青年科技人才比例，引导青年科技人才厚植家国情怀，坚定创新自信，弘扬优良学风，扣好学术生涯"第一粒扣子"，把个人理想和科学追求融入建设社会主义现代化国家的伟大事业中。

要激励青年人才脱颖而出。完善优秀青年科技人才全链条培养体系，加大国家重大人才计划、科技项目、科研基金对青年科技人才的支持力度，进一步增加青年人才托举工程资助数量；加强部委联动，实施表彰奖励提升计划，发挥好中国青年科技奖、中国青年女科学家奖、中国青少年科技创新奖等表彰奖励的典型示范作用；鼓励社会力量设立青年科技人才奖项，促进青年才俊奔涌而出。

要营造良好创新生态。倡导"亲清"师承关系，破除"圈子"文化，反对导师在学生独立开展的论文、项目和研究中"挂名"；倡导用人单位完善以创新价值、能力、贡献为导向的科技人才评价机制，杜绝简单以论文数量、人才"帽子"、科技奖励和项目承担经历为决定性依据的评价；落实科研人员减负专项行动，破除"官本位"传统思维，改变"填表式"管理模式，解决评估检查多、会议多、报销难等问题，让青年科技人才把主要精力投入科技创新和研发活动。

要强化组织建设和平台支撑。各级学会主动吸纳青年会员，支持优秀青年科技人才在学会任职；加强对新型研发机构、创新联合体、企业研发中心、科技型中小企业等科技组织中青年科技人才的联系服务和工作覆盖；强化青年科学家学术沙龙、博士生学术年会等青年学术交流品牌，切实提高青年科技人才在各类学术交流中的参会比例和发言名额；鼓励支持青年科技人才以所学所研开展科技志愿服务，在服务社会中受教育、增才干、作贡献。

要拓宽国际视野。坚持面向世界、面向未来，支持更多青年科技人才积极融入全球创新网络，深度参与全球科技治理，鲜明提出中国科技界的创新主张和道义值守；支持更多青年科技人才积极加入国际科技组织并发挥作用，在国际交流中当好“科技使者”，讲好中国故事，发出中国声音，大踏步走向世界科技舞台中央。

二、国内农业科研创新团队建设的发展历程

所谓科研创新团队，就是以科学研究与科技成果转化为主要内容，以科技创新为目的，以团队带头人为核心，以团队成员相互协作为基础，依托项目与平台，由具备专业技能互补、有着共同科研目标并拥有共同团队精神的科研和科辅人员组成，持续创新科学技术研究的创新群体。科研创新团队通过团队成员的共同协作与联合攻关，使团队的总体绩效远远大于个体成员绩效的累加总和，实现 $1+1>2$ 的聚合效应。

国内从 20 世纪末开始对科研创新团队进行有针对性支持，自 1999 年国家自然科学基金委员会新设“创新研究群体科学基金资助”项目开始，又陆续推出了多项国家级的科研创新团队支持项目，从而开启我国各类科研机构探索以团队建设为基础的科技创新新模式；在党的十六大要求“以建设创新型国家为重大战略选择”的理论背景下，2002 年中国农业科学院首先提出“国家农业科技创新体系”的构想，全国各大农业科研机构与高校也分别结合自身实际，积极展开了科研创新团队的建设；2004 年教育部启动的“长江学者与科技创新团队发展计划”，是最高层次的人才项目，其中“科技创新团队项目”是一个崭新的项目，旨在重点资助从事国家重点科研领域或国际重大学术前沿研究的优秀创新团队，以推动国家重点学科建设。此后，以部分高校及科研院所自主设立项目支持的科研创新团队建设开始迅

猛发展。

三、本书研究思路及思维框架

根据科研团队定义和特点，农业科研院所的科研团队主要以研究室、项目组的形式存在。依据农业科研团队理论的有关报道，结合农业科研院所实际情况，本书笔者认为高效农业科研团队建设有以下 8 个关键影响因素：一是研究基础，主要指某学科经过多年发展积累下来的研究资料、学术成果，以及人才积累等；二是学科带头人，主要指科研团队的负责人（项目组组长）；三是团队意识，主要指团队是否有共同的目标，成员之间沟通顺畅，相互信任，对团队有认同感、归属感，具有合作奉献意识；四是政策支持，主要指院所对团队人才引进、人员协调、课题申报、后勤保障等方面的支持；五是科研条件，主要指科学仪器试验平台、信息交流平台等；六是学术氛围，主要指院所以及团队内部从事科学研究的文化氛围；七是激励机制，主要指考核、奖金发放等激励措施，以及培训、进修等发展机会；八是人员结构，主要指团队成员在年龄、学历、职称、技能等方面的互补关系，以及呈现的合理梯队结构。

在 8 个关键影响因素的基础上，本书凝练成党的建设、制度改革、人才引培（含学科带头人引培和人员结构调整）、绩效提升（含激励机制）、条件支撑（含科研条件）、文化建设（含团队意识和学术氛围）6 个方面来阐述如何打造高效农业科研团队，分别形成 6 个章节：高效农业科研团队建设——党的建设是灵魂、制度改革是基础、人才引培是抓手、绩效提升是目的、条件支撑是保障、文化建设是聚力。加上第一章研究背景、第二章基本理论和第九章案例借鉴 3 个章节，构成本书框架。

第二章　科研院所团队建设概述

一、科研院所科研团队的基础理论

（一）科研团队的定义与内涵

随着科学技术的发展，人力学问题的研究越来越社会化，科学研究的集体性、开放性给科研管理带来了挑战，以往研究小组的组织形式难以适应新的变化和挑战，而强调集体智慧的团队运作适应了科学研究的变化和要求。

1. 科研团队的定义

科研团队是针对一个或一组科学问题，由处于一定情境之中的、愿意为共同的科研目的相互承担责任的、若干技能互补的科技研发人员组成的团队。

2. 科研团队的内涵

科研团队既具有一般团队的目标共同性、知识共享性、利益依存性、行为联系性、心理相容性、能力放大性等特征，也具有自身的独特性。

一方面，与企业的科研人员相比，科研院所的科研人员从事科学研究的直接目的不是“为科学而科研”就是“为职称而科研”，对科研成果的市场应用前景考虑不足，市场意识有待提高。另一方面，科研院所科研团队研究的主要方向是基础研究和应用研究，而企业的科技创新团队多是开发新设备、新工艺、新产品的试验发展研究，高校的科研团队多是通过基础性的理论研究实现知识创新。

（二）科研团队的类型

按照不同的分类标准，科研团队可以划分为不同的类型，也呈现不同的特点。

1. 按科研活动的纵向流程分类

科研活动是指旨在增进已有科学知识并予以实际应用的、系统的、创造性的工作。按科研活动的纵向流程可将科研团队划分为以下 3 类。

（1）基础研究型科研团队。此类团队以认识自然现象、探索自然规律、促进科学知识的增长为主要任务，以旨在提出新概念、新定理、新定律和新理论等学术论文为成果的主要表现形式。基础研究科技创新团队注重研究成果的学术价值和研究活动的自由性与非功利性，一般来说，研究周期较长、风险较大，研究成果的市场应用前景难以预测，但若取得突破性成果则可对科学技术领域产生广泛而深远的影响，主要从事的是原始性创新。

（2）应用研究型科研团队。此类团队是以提高人类改造客观世界的能力，达到具体实际应用的技术发明和创新为主要任务。此类团队承担的课题在科学、技术、生产体系中居承上启下的地位，一方面将基础研究中的理论成果转化为某一特定领域的技术原理，另一方面将应用研究和发展研究中提出的一些基本理论问题反馈给基础研究。该类团队研究成果的主要表现形式是旨在提出新技术原理的论文和发明专利。应用研究科研团队注重研究的实用性、课题的可规划性以及研究周期的适中性，计划管理较严密，方案途径一旦确定，通常不宜做大的变动。

（3）发展研究型科研团队。此类团队以开辟新的应用，生产新的材料、产品和装置，建立新的工艺、系统和服务，并对原来生产的和建立的上述各项进行实质性改进为主要任务，成果的主要表现形式是与生产实践紧密结合的新产品、新技术、新方法、新流程，或对现有的样品、样机进行本质上、原理上的改进。发展研究型科研团队所承担的课题通常是面向社会经济或企业生产的，研究的针对性和计划性较强，研究周期较短，相对其他两类科研团队来讲，获取成果的成功率较高。

2. 按研究所涉及的学科分类

按照科研团队研究所涉及的学科，可将科研团队划分为以下 2 种。

（1）单学科科研团队。科技创新团队的研究项目仅涉及某一学科的知识，团队成员来自同一学科。该类型科研团队成员间具有共同的研究基础，在科研活动中基本没有学术上的沟通障碍。一般说来，人文社会科学以及理科的从事基础研究的科技创新团队大多数是单学科的。

（2）跨学科科研团队。科研团队的研究项目涉及多学科的知识，由具有不同学科背景的科研人员为达到共同的科研目标而组建的科技创新团队。此类团队成员在科研活动中（合作过程中）存在着语言、研究方式与方法以及价值观念等方面的交流障碍。跨学科科技创新团队的形成主要由研究项目的性质决定，由于课题涉及的问题较为复杂，单一学科难以解决，往往需要来自多个学科领域的科研人员组成团队，共同完成课题任务。一般说来，从事应用研究和发展研究的团队大多是跨学科的。

3. 按其他标准分类

（1）学术大师或领军人物聚集型创新性科研团队。在该类团队的形成与发展过程中，组成系统的各要素以某一极具人格魅力的学术大师或领军人物为核心加以集聚。由于该类团队是在个别人的影响下形成的，我们也可将其称为人员主导型团队。

（2）任务或项目驱动型创新性科研团队。该类团队的形成与发展主要是因为一项特定的任务或项目需要一批人协同作战和攻关，从而挑选合适的人员，以目标为导向，组合而成的团队。

（3）以平台为依托的创新性科研团队。这种类型的团队在组建时以平台为依托，通过充分利用和发挥平台的效能，力求在特定的研究领域或特定的问题上有所突破。

（三）科研团队的作用

1. 激励科研人员

工作团队能创造一个好的社会环境，使员工投入工作中。团队的气氛给那些敷衍塞责的人施加社会压力，迫使他们为团队的荣誉努力工作。研究表明，个体在面对他人时的工作表现较独自一人时会变得更好。团队工作多变的任务形式可以提高团队成员的工作满意度，形成更高的激励状态。

2. 提高科研成果的产出率

科学研究的复杂性日益增加，使得科研人员不能再像以前那样靠单打独斗出成果，毕竟个人的知识技能是有限的，科研机构的管理者也不能充分了解科研运作的所有方面，这些都促使科学研究必须以团队的形式运作。团队的组织形式促进了工作的协同，减少了内耗和不协同作业造成的延搁，产生了比个体高得多的产出率。团队能提高个体的生产力与效率，并由此产生协同效用。

3. 促进对共同目标的承诺

团队鼓励科研人员把个人目标融入和升华为集体目标，用相互理解达成团队的共同目标。团队的社会压力也促使团队成员承诺他们的共同目标，团队成员希望相互之间得到帮助和支持。以团队方式开展工作，有效促进了成员之间的合作并提高了员工的士气。可以看出，团队在鼓励其成员高效工作的同时，还创造了一种增加工作满意度的氛围。

4. 提高科研人员的归属感

归属是人的一种基本需要。每个人都希望被一个组织所接纳，成为某个组织的一员，当然自己也愿意参加这个组织，以成为这个组织的一员而骄傲。组织是由团队构成的，所以一个人的归属说到底是归为一个团队。科研人员也一样，归属问题解决了，才有着落和依靠。如果科研人员归属问题得不到解决，必然是孤立无援、心绪难宁、才智难展，这是心理上的“失群效应”。

5. 增进团队沟通

团队的工作形式使其成员在工作中要相互配合才能很好地完成工作，也使他们在工作中有更多的沟通。科研团队作为自主性团队让团队成员享有更多的权利和自由，相应之下，也就承担更多的责任，科研团队是知识和技能互补的人员在一起工作，从而加强了团队成员之间的沟通和依赖程度。

6. 促进科研人员个人成长

采用团队工作形式需要对成员进行工作技能的训练，使团队成员在工作中能互相协作、相互补缺。工作扩大化的训练培养了成员的科研技术能力、决策能力和人际技能，有效促进科研人员的成长。

7. 规范科研人员的行为，协调人际关系

团队是为了实现组织目标而产生的。科研团队是为了实现一定的科研任务或者科研项目而组成的，为了团队有序地发展，一定要有团队规范来协调科研人员的行为和相互关系，形成一个有“战斗力”的科研团队。团队规范有成文的，也有习惯成自然的。规范科研人员的行为，协调人际关系，这是科研管理的一项重要任务和职能。团队搞好了，自然会提高科研效率。

二、高效科研团队建设的基础理论

（一）高效团队的五大标准

高效团队有 7 个特征，那么如何评价是否是高效团队呢？本书根据实践总结出五大标准。

1. 团队成员的自我主控能力

主要指 3 个方面：一是领导不在时自动自发做事的能力；二是团队成员能够区分事情主次；三是出了事情是下属着急还是领导着急。

团队内部普遍存在“领导不在时，放松心情，放松乃至消极工作”的现象，且此现象在各个层面均有不同程度的存在，究其原因，责任不全在下属，而主要在于单位的制度出了问题，对能用“指标”考核的岗位是否进行了合理、有效的“量”的考核？对不能明确用量的指标考核的岗位是否能运用综合指标予以细化管理。制度没设计好才会出现此类现象，出现“领导急，下属不急”诸多不良现象。针对此问题，建议解决的办法是完善制度、细化考核。

2. 思考力和创造力

主要包括 3 个方面：一是团队的方案大部分都是谁在思考？二是开会讨论问题时，大家是踊跃发言，还是沉默不语？三是下属去找领导，是仅仅带着问题去，还是带着解决方案去？

此类问题源于两个方面。一方面是各级领导的领导艺术，能否让下属充分表述？对下属的诸多见解是否会合理采用？这都需要领导有一个宽广的胸襟，这直接关系到单位思考与创造力的良性发展。作为各级主管领导，在不违反原则的前提下，只要对单位有利，应有宽厚仁慈的肚量，能够听取各方不同意见、建议，给予下属足够的空间，使其敢于说话，善于表述自己的思路、想法，养成踊跃发言议事的习惯。另一方面是团队成员之间要善于沟通协作、拓宽思路，积极思考与创新。

这里讲三个和尚有水喝的故事，给大家一点新的启发。

有三个庙，这三个庙离河边都比较远。怎么解决吃水问题呢？

第一个庙，和尚挑水路比较长，一天挑了一缸就累了，不干了。于是三个和尚商量，咱们来个接力赛吧，每人挑一段路。第一个和尚从河边挑到半路停下来休息，第二个和尚继续挑，又转给第三个和尚，挑到缸里灌进去，空桶回来再接着挑，大家都不累，水很快就挑满了。这是协作的办法，也叫“机制创新”。

第二个庙，老和尚把三个徒弟都叫来，说我们立下了新的庙规，要引进竞争机制。三个和尚都去挑水，谁挑得多，晚上吃饭加一道菜；谁水挑得少，吃白饭，没菜。三个和尚拼命去挑，一会儿水就挑满了。这个办法叫“管理创新”。

第三个庙，三个小和尚商量，天天挑水太累，咱们想想办法。山上有竹子，把竹子砍下来连在一起，竹子中心是空的，然后买了一个辘轳。第一个和尚把一桶水摇上去，第二个和尚专管倒水，第三个和尚在地上休息。三个人轮流换班，一会儿水就灌满了。这叫“技术创新”。

由三个和尚没水喝到三个和尚通过不同的办法达到共同的目的，关键在于不局限于固有的思维，发扬了团结协作、良性竞争、开拓创新的精神。故事新解，希望给高效团队如何发挥全员思考力和创造力提供思路和启发。

3. 执行力

执行力是单位持续发展的基础。执行力，就个人而言，就是把想干的事干成功的能力；对于一个单位，则是将长期战略一步步落到实处的能力。当一个单位的战略方向已经或基本确定，这时候执行力就变得最为关键。战略与执行就好比是理论与实践的关系，理论给予实践方向性指导，而实践可以用来检验和修正理论。

良好的沟通是执行的核心。此问题的关键在于，要有健全、完备的管理制度。政令不明，责任不清，谈不上有好的执行力。遇见“成果”，蜂拥而至，遇见“责任”，避之不及，只有将“责任”与“成果”统筹权衡，才能明辨对应主管领导执行力的强弱。只有切实明确岗位责任，统一、细化标准，加强考核监督，才能从根本上解决执行力的问题。

4. 愿景吸引力

主要考虑 4 个方面：一是团队未来要实现什么？二是团队能实现什么？三是个人能在团队中实现什么？四是团队能帮助个人实现什么？

只有员工的个人未来目标与单位的发展前景、发展目标一致，单位所能提供的资源、支持是个人实现目标的有效保障，并给予明确且又有实现可能的要约，才能吸引员工为了单位愿景去自愿自发地努力。所以，“未来吸引力”就不单是针对员工的，而是对双方相辅相成的。

5. 团队合作能力

主要指 5 个方面：一是团队成员之间是否相互排斥？二是团队成员的经验技能是否能互补？三是大家是否愿意共享？四是彼此是否能够诚心相助？五是合作之后是否工作效率能够得到提高？

合作力同样需要有良好的氛围、环境。单位制度健全、合理，执行规范、顺畅，奖惩公开、分明。在这种环境下，单位肯定高效运营，沟通、衔接自然无障碍，合作力的问题就会迎刃而解。

（二）高效团队建设的步骤

1. 设计高效团队

团队建设实际运行起来并不是一件轻松的事情，通常可以借助一些常见的管理工具来简化团队建设工作。如通过团队成员自我的深入认识，明确团队成员具有的优势和劣势、对工作的喜好、处理问题的解决方式、基本价值观差异等。通过这些分析，最后在团队成员之间形成共同的信念和一致的团队目标，以建立起团队运行的游戏规则。

每一个团队都有其优势和弱点，而团队要取得任务成功就要面对外部的威胁与机会，通过分析团队所处环境来评估团队的综合能力，找出团队目前的综合能力与要达到的团队目的之间的差距，以明确团队如何发挥优势、回避威胁、提高迎接挑战的能力。

以团队的任务为导向，使每个团队成员明确团队的目标、行动计划，为了能够激发团队成员的激情，应树立阶段性里程碑，使团队对任务目标看得见、摸得着。

合适的时机采取合适的行动是团队成功的关键，团队遇到困难或障碍时，应把握时机来进行分析与解决。团队面对内、外部冲突时应在什么时机进行舒缓或消除，以及在何时与何地取得相应的资源支持等，都必须因势利导。

怎样行动涉及团队运行问题，即团队内部如何进行分工，不同的团队角色应承担的职责、履行的权力、协调与沟通等。因此，团队内部各个成员之间也应有明确的岗位职责描述和说明，以建立团队成员的工作标准。

团队要高效运作，必须要让团队成员清楚地知道他们为什么要加入这个团队，这个团队运行成功与失败对他们带来的正面和负面影响是什么，以增强团队成员的责任感和使命感。可将激励机制引入团队建设，包括团队荣誉、薪酬或福利、职位晋升等。

2. 为员工提供深造的机会

只有一个懂得不断充实自我的学习型团队，才能在发展的社会创造出更多的奇迹。从学习的作用来讲，传统型营销团队的学习意识不强，他们多满足于固有的知识和经验，而不自觉汲取新知识，也不积极开展横向学习。而学习型高效团队，无论是从机制上还是观念上都充满了强烈的再学习意识，善于在实践中将理论和实际相结合，善于发现他人优点，加以吸收。因此，团队领导者需要善于为他人创造学习机会和组织学习。在彼得·圣吉《第五项修炼》一书中讲到，作为团队来说，组织学习的特点是什么？实际上就是五项修炼，一个学习型组织的理论、工具和方法就是分出三个领域，这三个领域是对核心能力的支持。把它形容为一个三条腿的凳子，三条腿都非常重要，如果拿掉一条腿，凳子就会倒，左边那条腿叫作热望、欲望，右边的是心智模式和团队学习，中间的是系统思考。每一条腿都非常重要，也就是说每个核心能力都非常重要。总体来说，团体的智慧总是高于个人的智慧。当团体真正在学习的时候，不仅团体能产生出色的效果，其个别成员的成长速度也比其他的学习方式快。

3. 听取员工的见解

在团队里，也许我们并不需要每个团队成员都异常聪明，因为过度聪明往往会自我意识膨胀，好大喜功。团队需要每个人都要具有强烈的责任心和事业心，对于团队精心制定的战略要在理解、把握、吃透的基础上把战术不折不扣、坚定不移地贯彻执行下去，对于过程中的每一个运作细节和每一个项目流程都要落到实处。另外，要保证团队的执行力，关键要在执行过程中明确阶段目标和具体的工作指标，这是确保任务完成质量的关键，也是保证团队执行力的关键。

4. 鼓励员工的创造力

只有不断地创新才能保持团队的竞争优势，但是创新能力从哪里来呢？从人才培养中来。人才培养不只是重视知识技能方面，还要考虑品德、情感、志趣等精神层面的东西，考虑企业文化、考虑人才队伍的凝聚力和团队精神，这只有综合性的教育培训才能做到。谁在这方面把握得好、做得好，谁就能在竞争当中保持长久的整体创新优势，并最终在竞争中打败对手。

5. 团队分工与合作

团队发展从内而言，是经由创始人积聚松散个体到扩大群体规模直至组织结构与功能均衡发展的过程。也就是说，团队领导人拥有教练、发动团体的能力；管理层拥有教练、发动部属的能力；员工拥有教练、发动自我的能力，最终形成上中下协调平衡、整体互动的运动态势。但各个阶层都要对其他部门熟悉、了解，并能在工作中相互配合，否则制定的战略、战术只能是孤芳自赏，根本无法让其他部门实施运作。

6. 增强领导才能

增强和发挥领导的指导作用。首先，领导必须以身作则，对团队成员起榜样和示范作用；其次，明确具体的工作质量、范围、期限、成本等目标约束；最后，明确各团队成员的角色和责任分工，充分发挥项目团队成员各自的作用。

7. 充分发挥领导的沟通和协调作用

首先，团队成员之间的沟通和协调。成员之间由于价值观、性格、处世方法等方面的差异而产生各种冲突，人际关系陷入紧张局面，甚至出现敌视、厌恶情绪以及向领导者发起挑战等各种情形。领导要进行充分沟通，引导团队成员调整心态和准确定位角色，把个人目标与工作目标结合起来，明确知道自己要做的事，以及清楚如何去做。

其次，团队成员与工作环境之间的沟通和协调。团队成员与周围环境之间也会产生不和谐，如与技术系统之间的不协调、对团队采用的信息技术系统不熟悉等。领导要帮助团队成员熟悉工作环境，学习并掌握相关的技术，以利于项目目标的及时完成。

最后，团队与其他部门之间的沟通和协调。在工作过程中，团队与其他部门各干系人之间的关系也会产生各种各样的矛盾冲突，这需要领导与之进行很好的沟通协调，为团队争取更充足的资源与更好的环境，并对工作进程以及工作目标与工作干系人不断达成共识，更好地促进工作目标的实现。

8. 充分发挥领导的激励作用

在工作过程中，由于严格的目标约束及多变的外部环境，领导必须运用各种激励理论对团队成员进行适时的激励，鼓励和激发团队成员的积极性、主动性，充分发挥团队成员的创造力。

9. 灵活授权，及时决策

随着团队的建设和发展，领导要通过授权让团队成员分担责任，使团队成员更多地参与项目的决策过程，允许个人或小组以更灵活的方式开展工作。

首先，灵活的授权显示了领导对团队成员的信任，也给团队成员学习与成长的空间。这种信任可以奠定团队信任的基础，也是团队精神在领导与团队之间的体现。

其次，授权有利于充分发挥团队成员的积极性和创造性。每个人都有实现自我价值的愿望。富有挑战性的任务使他们不断地拓展自己的知识技能，发掘创造潜力。每一项工作的成功不仅是领导管理的成功，更是所有实现自我价值的团队成员的成功。

最后，灵活授权有利于及时决策。一方面，团队成员在自己的授权范围内可根据内外部环境的变化及时决策；另一方面，通过灵活的授权，领导逐渐将工作重点转向关键点控制、目标控制和过程监控。领导的工作重心由内转向外，侧重于处理工作与企业或社会之间的关系，从外部保障项目团队的运作。

（三）高效科研团队建设的独特性

高效科研团队建设的步骤与一般高效团队建设的步骤一样，具有共性，但也有独特性。科研管理是对知识生产过程中的社会活动进行管理。它不同于其他管理，科研活动具有较大的灵活性和不确定性，科研管理是对以探索性、创造性为主的脑力劳动的管理，工作过程中出现的问题也是难以预测的。针对这些方面，一个良好的科研团队建设应该注重以下几方面。

1. 团队的发展目标

以完成明确的科研目标为依据。

2. 人才的层次

一个团队绝对不仅仅是几名优秀人员的简单集合，一个好的科研团队除了有战略眼光的导师和带头人外，实验室技术人员和其他工作人员也是必不可少的。选人要任人唯贤唯德，选择有能力或有潜力的人做同事，录用有合作精神和有创新思维的科研人员和研究生加入实验室也是如此。

人才的层次高了，还应该保持人才的稳定性以利于工作的稳定性，采用各种合理、有效的激励措施留住高素质人才，使他们产生自豪感、归属感和认同感。不过科研团队是知识型的团队，即使是有层次，也要建立在共享、平等、权利淡化的基础上。此外，还要避免一些先来者以长者自居，变相地侵占后来者的思路。

3. 分工合作

为发挥科研团队管理的效果，每位成员必须先了解课题组或研究室近期和长期的课题目标与研究任务，略微明确团队的使命及个人可能的角色和责任，必须了解如何完成小组任务，最后要能积极投入使小组目标顺利完成。这需要定期开会讨论。

4. 团队文化建设

如果科研团队想持续发展，不管团队大小，团队文化也是应该有的。即使没有成体系的团队文化，融合几条团队精神也是应该的。假如项目缺乏积极进取团结向上的工作氛围，项目成员的力量就很难合在一起，大家相互扯皮、推诿指责，项目也就不可能成功。团队和谐与合作的基础是凝聚力，团队文化不好的，会使科研人员对重点问题达成一致意见变得很困难，团队出现“高度的和睦交往，低度的团结一致”的现象。

科研项目中，人为的因素很多，更应该注重团队精神的作用。人是要有精神的，特别是科研中更需要精神的支持。一个良好科研团队特别需要培养牺牲精神、敬业精神、合作精神等。

5. 建立良好的沟通机制

在科研活动中，会经常出现研究接口问题，往往是导师领进门，师兄师姐带师弟师妹，但是有些科研项目结题或审核时，会经常出现更改项目研究内容等情况。在这些时候，没有良好的沟通方式将导致更复杂的问题。只有建立起成员有效沟通机制，才可使团队管理工作走向良性循环。

6. 制度建设

俗话说“不以规矩，无以成方圆”，如果是短期的工作，那就人治；但是，建设良好的科研团队是长期的公关合作，制度建设必不可少。高效科研团队需要有严格的规章制度和高质量的治理标准。

（1）采用工作责任制。如果团队分工不清，人员责任不明，互相推诿，则要明确规定某个人在某个项目中的责任。

（2）奖惩制度公正、激励机制完善。对于工作成绩突出者一定要让其精神物质双丰收，对于出工不出力者应受到相应的惩罚，科研业绩与评优、职称晋升、培训等结合起来。另外，既要在工作中让每个成员承担一定的压力，又要在生活中多关心多照顾科研团队成员，让大家都能感受到团队的温暖。

（3）制定平等交流的制度。平等也应该成为一种制度制定下来。很多时候，课题组或研究室一说到老师说的，那就好像是对的，这极大地影响了研究生的积极性。在学术问题讨论上，要民主和平等，不做学霸，不搞一言堂，充分调动每个成员的积极性。

（4）完善实验室制度等。良好的实验室管理制度为科研工作的顺利开展提供保障和支撑。

7. 值得注意的一些问题

可以经常组织一些团队集体活动，增强团队成员之间的沟通意识；建立学习型科研团队，课题组或研究室成员经常在一起交流研究进展；培养和鼓励成员独立作研究，让他们尽量发挥潜力。

三、科研团队的特点

（一）农业科研团队的特点

农业科研团队除了具备普通团队的特点外，由于研究对象的不同，还具有以下 7 个特点。

（1）研究方向明确且相对稳定。研究方向一经确定，将作为科研团队的长期目标而具有相对稳定性，这是重大的原创性科研成果的客观要求。

（2）对学科带头人要求较高。科研团队的带头人在业务上应是学术带头人，能把握研究方向；在管理上要扮演教练和后盾的角色，能为团队提供指导和支持。

（3）可持续的竞争优势。高素质的科研队伍、先进的设备、完备的资料和信息资源，以及良好的学术氛围、健全的规章制度、健康的人际关系，这是保证科研团队生存和健康、持续发展的前提条件。

（4）注重团队学习。当今科技发展日新月异，信息量、知识量迅速增长，适应这种快速变化环境的最有效方法就是不断补充新知识，学习新的观念和思维模式。

（5）核心成员的稳定性和辅助人员的流动性。科研团队的核心骨干力量应保持相对的稳定性，以保证科研工作的延续性以及高质量的重大成果的产出。而科研团队的辅助人员，如研究生和完成研究项目阶段性任务而临时聘用的人员则流动性较大。

（6）团队维持时间较长。由于农业科研周期较长，需 5~8 年才能培育出一个品种或产出一个成果，需要团队成员精诚合作多年，比生产型、管理型团队维持的周期要长。

（7）团队成员技能的互补性要求更高。农业科研院所以基础研究和应用研究为主，工作地点从田间到实验室，工作内容从简单的农事操作到复杂的生化实验，工作跨度大，需要人员结构更加合理，对成员技能的互补性提出了更高要求。

（二）农业科研团队建设的关键影响因素

根据科研团队定义和特点，农业科研院所的科研团队主要以研究室、项目组的形式存在，根据农业科研团队理论的有关报道，结合农业科研院所实际情况，本书认为对农业科研团队建设有影响的关键因素有以下 8 个。

（1）研究基础，主要指某学科经过多年发展积累下来的研究资料、学术成果，以及人才积累等。

（2）学科带头人，主要指科研团队的负责人（项目组组长）。

（3）团队意识，主要指团队是否有共同的目标，成员之间沟通顺畅，相互信任，对团队有认同感、归属感，具有合作奉献意识。

（4）政策支持，主要指院所对团队人才引进、人员协调、课题申报、后勤保障等方面的支持。

（5）科研条件，主要指科学仪器实验平台、信息交流平台等。

（6）学术氛围，主要指院所以及团队内部从事科学研究的文化氛围。

（7）激励机制，主要指考核、奖金发放等激励措施，以及培训、进修等发展机会。

（8）人员结构，主要指团队成员在年龄、学历、职称、技能等方面的互补关系，是否呈现合理梯队结构。

（三）不同岗位人员对科研团队影响因素的优先度认可

首先，科研人员一致认同科研团队建设的关键是核心人才，是团队或学科的带头人，一定程度上可以说“一个人决定了一个学科，一个人可以带起一个团队”；其次，学科研究基础也十分关键，这从侧面反映了农业学科研究周期长、投入大、继承性强、出成果慢的特点，科研需要“站在前人肩膀上”，即在前人研究的基础上开展；最后，注重团队意识、政策支持和科研条件，注重干事创业的条件，希望能够实现自身的价值，与马斯洛需求层次理论相吻合；而激励机制的优先度比较靠后，说明科研人员认为现有的激励机制（主要指绩效奖励）对科研团队建设并不是最重要的。

管理人员更加关注团队意识，需要认同感和归属感。同时，作为科研团队的局外人认识到科研团队成员的合作协作对团队的重要性，但对科研团队人员结构的重要性认识不足。

第三章　高效农业科研团队建设：党的建设是灵魂

我国是人民当家作主的社会主义国家，人民是一切工作的基石。党建与业务发展深层次上是基于广大人民群众需求之上的意识认同和情感共识，这从这根本上解决了“发展依靠谁，为了谁”的问题。1956 年 1 月，中国提出了“向科学进军”的口号，在总揽全局、汇聚人心和物资，先锋作用等政党优势下，我国科研事业在短短几十年就超过了西方国家上百年的发展，站到了世界前列。2013 年 3 月，习近平总书记在参加全国政协十二届一次会议科协、科技界委员联组讨论时就指出：“坚定不移走中国特色自主创新道路。这条道路是有优势的，最大的优势就是我国社会主义制度能够集中力量办大事，这是我们成就事业的重要法宝，过去我们搞‘两弹一星’等靠的是这一法宝，今后我们推进创新跨越也要靠这一法宝。”可以说，党的建设对科研事业的发展是全方位、多层次的护航，党的六大建设共同引领我国科研事业的创新发展。在推进科研院所创新改革和农业科研团队发展中，很长一段时间里许多人都认为党建工作是可有可无的，许多人都是“应付式”地完成上级安排的工作，在党建工作开展过程中主动性弱、创新性低，将党建工作与科技创新工作分开推进，将推动科技创新脱离于党的领导，导致党建工作与业务工作“两张皮”现象严重。如何发挥党组织在农业科研创新团队中“把方向、管大局、保落实”的作用是农业科研创新团队在提升科技创新能力和竞争力过程中不容回避的现实问题。

本章将以中国热带农业科学院的热带农产品质量安全创新团队、土壤肥料创新团队等农业科研创新团队为例，研究在全面从严治党和乡村振兴背景下，党建引领农业科研创新团队创新能力和竞争力提升的实施路径。通过整理分析中国热带农业科学院几个农业科研创新团队的党建工作开展情况和对中国热带农业科学院农业科研创新团队中的党务工作者开展的情况调查分析，发现了农业科研创新团队党组织在开展工作中存在缺乏顶层设计与整体规划、视野不宽、理念不新、服务能力不强、服务功能较弱、缺乏科学规范的党建体制机制架构等问题。通过分析其根本原因主要是因为思想重视理解不到位、目标管理工作不到位、激励机制不健全这 3 个方面的原因。

在论证了中国热带农业科学院农业科研创新团队党建引领团队建设的初步成效的基础上，结合了近年来国内学者提出的“党的嵌入”这一概念，本章提出优化党建引领农业科研团队创新力和竞争力的思路与策略，是将“嵌入式”党建模式引入到农业科研团队党建工作中。该模式是从四个方面将党的建设工作嵌入到农业科研创新团队的业务工作中：一是在主体动机创制上嵌入。增强科研团队的核心使命意识，确保科研团队能清楚地认识自身的使命和推进团队的创新文化建设；二是从组织建设创制上嵌入。以推动党建与科研团队的深度融合为导向，一方面让科研团队尽可能能成立党组织，将党组织建在科技创新的第一线，另一方面明确基层党组织工作的权责主体，通过党组织的管理体制优势为科技创新保驾护航。通过以上措施让基层党组织获得大量普通党员和职工群众的认可，从而为党组织自身获得大量的关系联结，这让党组织与团队建设不再是毫无交接的“单兵作战”，组织之间的交流更加密切，构建成一种互融互促的状态；三是从业务工作主体上嵌入，推进“创新+服务型”科研党组织建设，主要是根据农业科研团队的工作实际，将党建工作嵌入科技攻关创制上和乡村振兴服务上，以此激发团队的创新活力和提升团队的影响力；四是从人才培养上嵌入，科技创新工作关键在人才，以打造既有业务能力又有政治意识的人才队伍为目标，充分运用党内的各种资源为团队培养“复合型”人才提供有效通道。一方面通过转变思想、转变工作思路、转变角色三大转变。另一方面完善党建工作责任制和考评机制两个机制。最后用好物质奖励、精神激励和干部选拔三大激励机制。通过这“三大转变、两大机制、三大奖励”打通兼职党务干部与业务骨干培养的壁垒，全方位、多角度助力团队培养“复合型”人才，打造一支“又红又专”的科技创新队伍。

一、党建概述

（一）党建的概念

党建一般指党的建设，它主要是指党为保持自己的性质而从事的一系列自我完善的活动。党的建设是一个不断发展完善的过程。党的十三届四中全会提出要认真总结改革开放以来党的建设的经验和教训，积极探索在发展社会主义市场经济条件下加强党的建设的途径。党的十四届四中全会通过的《中共中央关于加强党的建设几个重大问题的决定》第一次把党的建设提到新的伟大工程的高度，明确提出了新时期党的建设的总目标和总任务，即“把党建设成为用中国特色社会主义理论武装起来、全心全意为人民服务、思想上政治上组织上完全巩固、能够经受住各种风险、始终走在时代前列的马克思主义政党。”党的十七大要求，以改革创新精神全面推进党的建设新的伟大工程，强调必须把党的执政能力建设和先进性建设作为主线。可以看出，党的建设战略布局是一个完整的、系统的、不断完善的理论体系，它牵动全局、关系重大，党和人民事业发展到什么阶段，党的建设就要推进到什么阶段。到了党的十八大中国特色社会主义进入新时代，提出一系列新理念新思想新战略，采取一系列重大举措，开辟了马克思主义党建理论中国化的新境界，也开辟了全面从严治党实践的新境界。党的十八大规范了党的建设“五位一体”总布局，分别是思想、组织、作风、制度和反腐倡廉5个方面的建设。党的十九大提出了新时代党的建设总要求，指出“要以改革创新精神全面推进党的建设新的伟大工程”。十九大报告第一次把党的政治建设纳入党的建设总体布局，要求加强党的全面领导，坚持党要管党、全面从严治党，把加强党的长期执政能力建设、先进性和纯洁性建设作为工作主线。同时也明确了党的建设就是以党的政治建设为统领，全面推进党的政治建设、思想建设、组织建设、作风建设、纪律建设，把制度建设贯穿其中，深入推进反腐败斗争。

可以看出，党的建设并不是为了党建而党建，而是要通过加强党的建设，进一步提高党的领导水平和执政水平，开展伟大斗争，发展伟大事业，实现伟大梦想，这些都离不开党的建设为保障。它不仅包括党务工作、党建重点任务，按照十九大报告的要求还包括党的政治建设、思想建设、组织建设、作风建设、纪律建设和制度建设6个方面。

（二）科研院所党建研究相关情况

笔者以“党建”为关键词在中国知网进行搜索，共能搜索到在学术期刊上发表的论文是119 723篇，以2007年为起点，呈逐年上升趋势，尤其是2016年后关于党建的研究呈现爆发式增长。以“党建；科研”为关键词在中国知网搜索共能搜索到在学术期刊上发表的论文是2 344条，通过搜索结果可以看出科研院所开展党建研究与国企、高校相比是比较弱的，2016年以前在科研院所研究党建的热度并不高，但在2016年后对这一类研究的关注度也在不断提升，呈现爆发式增长。从研究内容看，则较注重党建工作与科研工作相结合的实际运用，结合本单位实际工作提出政策解读、经验分享和对策建议。师蔚群等（2021）通过分析江苏省农业科学院畜牧研究所的党建助推科技扶贫经验，归纳总结了党建助推科技扶贫的3种模式与路径，即“研究所党支部+村集体+贫困户”“研究所党支部+新型经营主体+贫困户”“政府+龙头企业+研究所党支部+贫困户”，并从加强组织保障、聚焦产业发展、强化科技支撑、完善科技服务和狠抓队伍建设5个方面提出党建助推科技扶贫的建议。姜铁等（2021）认为，党建是科研工作的根本保障，决定着科研工作开展的方向、深度与广度。加强科研工作中的党建工作，是促进科技事业发展，激发科技创新活力的必然要求。赵勇兴等（2020）认为，科研事业单位党建是党在科技战线的重要力量，关系科技事业的进步与发展，唯有正确认识科研事业单位中党的建设、正确处理科研事业单位中党的建设同业务发展关系，主动站高位、谋大局，科研事业才能久远。

二、高效农业科研团队党建工作的主要内容

党支部作为中国共产党的基础组织，是党开展工作的神经末梢、基础单元。在百年奋斗历程中，党支部始终发挥战斗堡垒作用，承担着党交付的重要任务。支部的任务和职责也随着国家事业发展的推进而不断拓展和深化。党的十八大以后，党中央继续推动全面从严治党向基层延伸，健全党的基层组织体系，加强基层服务型党组织建设成为党支部建设的重要内容。党的十九大以后党中央进一步明确了要增强基层党组织的组织力和领导力，进一步完善了党支部的任务和职责，并且针对不同类型党支部的实际情况，进一步明确各自承担的任务。党的十九大报告明确指出，“党支部要担负好直接教育党员、管理党员、监督党员和组织群众、宣传群众、凝聚群众、服务群众的职责，引导广大党员发挥先锋模范作用。”中共中央印发的《中国共产党支部工作条例（试行）》明确规定，事业单位的党支部承担的重点任务是：“保证监督改革发展正确方向，参与重要决策，服务人才成长，促进事业发展。事业单位发挥领导作用的党支部对重大问题进行讨论和作出决定。”为进一步抓好科研院所党的建设工作，2022年2月15日农业农村部印发了《关于加强和改进新时代部属科研院所党建工作的意见》，进一步明确了各科研院所党建工作的具体内容，明确要求：“要坚持和加强党对农业科研工作的全面领导，保证科研院所改革发展正确方向；坚持围绕中心抓党建、抓好党建促业务，推动科研院所党建和业务特别是科研工作互融互促的工作原

则。”农业科研团队是农业科技创新体系的基本单元，是提升农业科研创新能力的重要力量。高效农业科研团队是推进我国农业供给侧结构性改革和农业现代化的重要抓手。而高效农业科研团队党组织是科研院所党组织的重要组成力量，是加强科研人员党建和思想政治工作推进科研院所改革发展的最基层组织，是科研院所落实人才强国战略，坚定人才培养自信，造就一流科技领军人才和创新团队的根本任务是组织保障。综上所述，高效农业科研团队党建工作主要围绕以下 3 个方面开展。

1. 加强党的政治建设，坚决落实“四个面向”重要指示精神

党的十八大以来，习近平高度重视党的政治建设和全面从严治党，在关于党的政治建设中提出了诸多论述，尤其是党的十九大重新确立了党的建设的总要求，其中最重要的一条就是明确了党的政治建设是最重要的，是统领，是核心。十九大以后党的政治建设被提高到了前所未有的高度，党的政治建设是党的根本性建设，党的政治建设是“灵魂”和“根基”，是其他建设的最终着眼点和落脚点。关于如何开展好政治建设，习近平总书记在《总结党的历史经验，加强党的政治建设》中指出，我们党作为马克思主义政党，必须旗帜鲜明讲政治，党的政治建设的首要任务是坚决维护党中央权威和集中统一领导，尤其干部要提高政治能力，做政治上的“明白人”“老实人”。这一论述深刻阐明了中国共产党进行政治建设的根本遵循、首要任务与具体要求。

农业科研团队加强党的政治建设就是要把坚持党对科研工作领导的部署细化到制度办法中，加强党组织对重大问题重要事项的政治把关；心怀本领域的“国之大者”，始终坚持“四个面向”科研方向；教育引导科研人员要严守党的政治纪律和政治规矩；发挥党组织把方向、管大局、保落实的领导作用；健全议事决策机制，按照民主集中制原则集体讨论和决定重要事项。

2. 强化理论武装，推动习近平新时代中国特色社会主义思想入脑入心

党的思想建设指党为保持自己的创造力、凝聚力和战斗力而在思想理论方面所进行的一系列工作。思想建设是党的基础性建设，是连接各方面建设的一条红线，是融入党的建设各个环节的先导性要素，为党的建设奠定思想基础，提供理论指导和精神动力。思想建设的主要任务是强化马克思主义理论武装，对党员进行党的基本理论、基本路线、基本方略的教育，保持全党在思想上、政治上、行动上的高度一致，保持党的先进性、纯洁性。马克思最早对无产阶级政党的思想建设作出科学阐释，中国共产党经过 100 年的发展，党的思想建设不断发展完善，为党在不同时期方针的贯彻执行提供了保障。党的十八大以来，党的思想建设进入了新的发展阶段。一是把坚定理想信念作为全党思想建设的首要任务。二是推进思想建党和制度治党协同发展。三是坚持党内学习教育活动的常态化。

农业科研团队在思想建设方面要做到以下几点。一是学深悟透党的创新理论。特别要紧密结合“三农”工作要求和科研院实际，学好用好习近平总书记关于科技创新、“三农”工作、人才工等重要论述，跟进学习习近平总书记最新重要指示批示要求。二是做细做实思想政治工作。通过压实主体责任、开展职工思想状况调研、谈心谈话等方式方法，保证党的路线方针政策和部党组决策部署得到全面贯彻、有效执行。三是严格落实意识形态工作责任制，不断提升防范意识形态领域风险的能力。四是大力弘扬新时代科学家精神发挥精神塑造人、文化鼓舞人的重要作用。

3. 建强组织体系，推动基层党组织全面进步全面过硬

习近平总书记指出：“党的力量来自组织。”“要不断严密党的组织体系。”党的组织建设，按照《中国共产党章程》来说，是指党的组织制度、党的中央组织、党的地方组织、党的基层组织、党的干部、党的纪律、党的纪律检查机关、党组等内容，主要包括民主集中制建设、党的基层组织建设、干部队伍建设和党员队伍建设等内容。2021 年中共中央发布了《中国共产党组织工作条例》，这是党的历史上第一部关于组织工作的纲领性法规文件，是做好新时代党的组织工作的基本遵循。党的基层组织是党全部工作和战斗力的基础，是“战斗堡垒”，是调查民意、赢得民心、紧密联系群众的桥梁和纽带，要从支部设置、班子建设、制度建设、教育管理等方面抓好基层党组织建设。

结合农业科研团队的特点党组织建设要做到以下几点。一是要围绕科技创新中心任务完善基层党支部设置。充分发挥“支部建在连上”的传统，将支部建在创新团队、研究中心、课题组上。科技攻关到哪，党组织就要建到哪，牢牢抓住每一名普通党员，实现党的组织和党的工作全覆盖。二是加强党组织带头人队伍建设。习近平总书记指出：“党的干部是党和国家事业的中坚力量。”科研院所要为科研团队的党支部配备好力量，牢牢抓住支部书记这个“第一责任人”。三是做好发展党员和党员教育管理工作，严格党员标准。四是创新基层组织活动方式方法，通过组织生活，即党内政治生活，将自身建设成为具有坚强政治性的党的基层组织，充分发挥基层党组在科技创新、攻坚克难中的“战斗堡垒”作用。五是加强党组织对群团统战工作的领导。科研院所中有大量的民主党派、无党派人士是统战工作的重要阵地，要强化对党外知识分子的政治引领和团结引导。发挥群团组织桥梁纽带作用，营造激励创新的良好氛围。

三、高效农业科研团队建设与党建引领的辩证关系

（一）党建助力农业科研团队创新能力的提升

1. 全面发展的需要

1949 年 11 月 1 日，中华人民共和国成立仅 1 个月中国科学院就在北京成立，这是新中国科学事业建制化的开端。1956 年，中共中央批准了《1956—1967 年科学技术发展远景规划纲要（修正草案）》，即新中国第一个中长期科技发展规划，向全国发起“向科学进军”的号召，使得新中国在短时间内建立起相对完整的研发体系，取得了一个又一个举世瞩目的科技成果。改革开放时期，邓小平提出了“科学技术是第一生产力”的重要论断，国家相继实施了一系列重大科技计划工程。进入新时代，党中央进一步深化科技工作领导体制，不断在管理机制、创新规律上下功夫，为我国科技事业的发展提供坚强持续的政治保证。在党领导下的先进性和制度优势，让中国的科技事业能够集众力、汇众智。

2. 改革创新发展的需要

党组织在人的动员和组织方面具有天然的优势，科研单位是知识分子高度集中的地方，科研人员接触的国内外信息多且复杂，思想相对活跃，需求更具高层次，政治追求也呈多元化趋势，遇到问题会主动反映和表达诉求，思想意识有时会与管理层发生碰撞。一方面需要加强对各种思想、观点和文化的正确引导，抓好意识形态工作，筑牢科研人员的思想基础；另一方面农业供给侧结构性改革、乡村振兴、脱贫攻坚、“一带一路”倡议，国家的每一项部署、每一个政策的推动都离不开科技的支撑，在国家高速发展的今天谁占领了科技的制高点，谁就能抢得先机。“科技是国之利器，国家赖之以强，企业赖之以赢，人民生活赖之以好。”作为国家农业现代化的先锋队，农业科研创新团队发挥着重要的作用。每一项改革和部署，都需要农业科研人员发挥敢为人先、勇于拼搏、攻坚克难的精神。如何充分调动广大科研人员工作的积极性？政策、激励机制都是关键，但更重要的是转变科研人员的观念，把工作从“要我做”向“我要做”转变，激发科研人员干事创业的

主动性和内生动力。

3. 培养高效农业科研团队的需要

科研团队的精神和文化支撑决定了科研团队能否高效运行，科研团队的精神动力将为科研攻关、项目开展提供非常大的帮助。科技创新工作的关键在于“人”，而党建也是在做“人”的工作。加强党的建设，要不断增强党的导向性、吸引力和凝聚力，导向性能确保党和周围的人坚持正确的方向，吸引力能吸引人民群众，尤其是青年人员向党组织靠拢，凝聚力就是将党外人士团结在共产党周围。可以看出，党建就是为了提高党员干部的思想素养、理论修养和工作能力。而科研院所的党建工作就是要通过加强党的建设不断解放思想，更新观念，激发科研人员的活力、潜力。因此，加强党的建设是农业科研团队成长为高效运行创新组织最根本的基础。

（二）农业科研团队竞争力提升推动党建环境的优化

对于科研院所党建工作而言，推动改革创新发展是最终的落脚点和工作成效的体现。把科研院所和科研团队建设好，提高科研院所和科研团队的创新能力、竞争能力，才能为进一步完善党建工作制度和开展党建工作提供重要支撑。一是在提升创新能力的过程中，能够使科研团队充分认识到党建工作的政治优势和在调动科研人员积极性和创造性中的作用，尤其是改革发展越深入，党建工作的重要性就越凸显。二是在培养干部的过程中，越来越强调党管人才，随着科研团队的发展以及壮大，越来越需要加大对干部的培养力度，尤其是干部的政治素养，这有利于提高党务工作者的待遇和地位。三是改善党组织工作的环境。随着团队的壮大，经费会越多，为开展党建工作提供基本的物质保障。因此，科研团队创新能力和竞争力能够为党的建设提供更好的环境，两者相互作用，相互促进。

四、推进高效农业科研团队建设中党建工作的困境和制约因素

（一）农业科研院所党务工作者基本情况——以中国热带农业科学院为例

科研院所由于受机构设置数、干部配备数、编制数、科研工作特殊性等因素影响，开展党建工作的党务工作者兼职人员占比普遍较高，一般支部书记、支委委员都是由科研团队里的负责人或科研人员兼任，可以说这些兼职党务工作者是推进科研团队党的建设的重要力量。因此，笔者对中国热带农业科学院各农业科研创新团队的党支部书记、党支部委员开展了调研，共发

放问卷95份，回收有效问卷95份，有效回收率100%。研究使用了SPSS进行统计分析，统计方法包括方差分析和Likert5级分类测量法。

根据表3-1，科研院所党务工作者成为党务工作者的意愿较高，能够坚持从事兼职党务工作，对党务工作有了初步的了解，但也存在问题，普遍表现是：①大多数受访调查者（71.79%）愿意从事党务工作，但是投入的精力不足50%的比例高达69.23%；②虽有48.72%的党务工作者从事党务工作有成就感，但是认为没有成就感及未考虑成就感的占比也较高，达51.28%。

表3-1　科研院所党务工作者职业认同情况

项目	选项	百分比（%）
成为党务工作者的意愿	愿意	71.79
	不愿意	10.26
	无所谓	17.95
对目前所从事党务工作的感受	非常满意，希望长期从事	25.64
	较满意，能够坚持从事	46.15
	感觉一般，看情况调整	25.64
	不满意，希望不再从事	2.57
您能在党务工作中找到成就感吗	有成就感	48.72
	没有成就感	30.77
	没想过这个问题	20.51
您在党务工作方面投入的精力	不足25%	28.20
	25%~50%	41.03
	超过50%	30.77
您自我评价对党务工作乃至党建工作的认知程度	不了解	5.13
	有一些了解	71.79
	有深入了解	23.08

根据表3-2，科研院所对党务工作的重视程度还有待提高，各科研院所虽然制定了详细的考核指标（87.18%），但是每年培训党务知识的次数在4次以上的不足20%；在奖励机制方面，以每月给予一定的补助为主，没有任何单位将从事党务工作的好坏与干部的晋升挂钩。

表 3-2 科研院所党务工作开展情况

项目	选项	百分比（%）
您单位给予党务工作者的待遇	升职	0
	绩效奖励	58.33
	评优加分	16.67
	其他	25.00
您的单位是否有制定详细的考核指标	有	87.18
	否	12.82
您单位对党务工作的重视程度（最低 1 分，满分 5 分）	1	5.13
	2	5.13
	3	28.21
	4	33.32
	5	28.21
您每年参加党务知识培训次数	1~2 次	69.23
	3~4 次	12.82
	4 次以上	17.95
您每年参加业务知识培训次数	1~2 次	71.79
	3~4 次	17.95
	4 次以上	10.26

（二）农业科研团队在开展党建工作过程中存在的问题

1. 缺乏顶层设计与整体规划

在全面从严治党和依规治党的政党逻辑背景下，部党组和各科研院所开始逐步加强各基层党支部的建设，但是研究发现关于各基层党组织如何开展党的建设的模式的整体规划和指导性方针比较缺乏，除此之外还存在党委热情布置、各基层党支部消极完成等情况。这是因为没有“自上而下的规划”作为一种理论上的、方向上的引领、规范和指导，创新效果和意义很难形成整体合力，从而影响基层党建创新的效率与效益。

2. 视野不宽、理念不新

思想决定行动，理念支配实践。在农业科研团队党建工作开展过程中，普遍存在着视野不宽、理念不新的问题。一方面，许多基层党组织对党建工作认识表面化，认为开个会、念念文件就可以了，存在以会议贯彻会议精神的问题，甚至学习文件都只是照本宣科，没有深入思考党建工作如何服务业务工作，开展党建工作只是被动地接受上级的安排。另一方面，许多农业科研团队基层党组织还存在无法找准党建与业务的结合点的问题。随着全面从严治党不断深入，越来越多农业科研单位意识到党建工作的重要性，开始加强党建工作，但是却往往存在想服务却不会服务的问题。

以上两方面的问题究其原因：一方面是大多数科研单位并没有专职的党务工作者，大多由管理人员或者科研人员兼任，他们一般本身的业务工作就较为繁重，无法抽出太多的时间去思考如何开展党建工作；另一方面科研院所的党务工作者受到的党务方面的培训也较少，理论知识不扎实，这就导致党务工作者无法找准党建与业务工作的结合点，出现诸如主题党日活动形式单一、主题单一，单纯为了举办主题党日活动而举办等现象。

3. 服务能力不强，服务功能较弱的问题

从“不忘初心，牢记使命”到“我为群众办实事”，体现了党联系群众、服务群众、凝聚群众、领导群众的群众工作优良传统。农业科研团队的服务能力更多的是体现在服务“三农”，以及脱贫攻坚、乡村振兴等工作中，但是当前一些农业科研团队党支部还是存在服务意识不强，在开展科技创新工作时没有深入思考如何服务地方、服务群众，开展的服务措施不多，在推动地方脱贫攻坚、乡村振兴方面彰显度不够等问题。

4. 缺乏科学规范的党建体制机制架构

随着农业供给侧结构性改革不断深入，农业科研院所的机制体制都发生了重大的变化，这对农业科研团队党组织提出了更高的要求，它要求打破原有的党建工作模式，建立一套适应新形势发展的党建工作模式，使农业科研团队能够真正地成为高效农业科研团队，能够真正地下沉到脱贫攻坚、乡村振兴的“第一线”。然而，目前在科研院所开展党建创新、党建工作模式的实践与研究与学校党建、国企党建相比，虽然积累了一些经验，但尚未形成一整套较为成熟完善的体制机制架构与实践模式，这势必影响到科研团队党建的科学化。

（三）根本原因

根据上述分析可以看到，农业科研团队党的建设还没有形成一套有效的管理机制，在开展党建工作中基本处于被动状态，完全依靠上级部门分派任务，党建工作开展的形式也比较单一，相应的交流机制和措施也不健全，究其原因主要有以下 3 个方面。

一是思想理解不到位。即使是在科研院所党委层面，专门从事党建工作的党务工作者的比例都非常低，而科研团队的党务工作者更是由团队里的科研人员兼任，这些兼职党务工作者成为推动科研院所党组织发展的重要力量，可是这些兼职党务工作者本身业务工作比较繁重，许多党务工作者认为党务工作是副业，科研任务才是主业，没有认识到兼职党务工作的重要性，只是将自己当成一个普通党员，表率作用发挥得不是很充分，缺乏对党务工作的认同感，没有相应的职业规划和职业需求，对党务工作者角色需要的能力结构和岗位职责认识不足。

二是目标管理工作不到位。近年来部分科研院所开始通过制定党建目标责任书等方式开展党建目标管理工作，但是在党建目标工作上往往缺乏有针对性、可操作性强的基层组织制度，各科研院所在制定党建目标和责任时与单位实际结合较弱，大部分科研院所党组织和农业科研团队基层党组织都不同程度地存在党建与业务“两张皮”的现象。同时对于未完成党建任务的基层党组织，上级党组织也多是进行批评教育，考核和惩罚力度不严格。

三是激励机制不健全。党的十九届四中全会明确提出“完善担当作为的激励机制”，并将其纳入坚持和完善党的领导制度体系范畴。调查发现，科研院所对基层支部激励机制并不是很健全，主要体现在：物质待遇没落实，兼职党务工作者为党务工作付出的汗水未得到适当的补贴；精神激励机制不完善，当合理诉求得到基本保障时，就要实施科学合理的荣誉表彰机制，部分科研院所并不是很重视这方面的工作，导致兼职党务工作者没有归属感；政治待遇没落实，干部选拔任用路子不畅，兼职党务工作者不重视党务工作的现象难以改变。

五、党建引领农业科研创新团队的实证分析

中央组织部最新党内统计数据显示，截至 2021 年底，中国共产党党员总数为 9 671.2 万名，其中具有大专以上学历的党员占比 53.2%。科研事业单位的人员普遍具有学历高、年纪轻等特点，近年来在科研事业单位党员的占比越来越大。以中国热带农业科学院为例，14 个院属单位党员人数也在逐年升高，中国热带农业科学院测试中心党员占比已超过 70%，中国热带农业科学院橡胶研究所党员占比 60%，即使是后勤服务中心党员占比也

达 21%。

（一）中国热带农业科学院部分科研院所党员情况

1. 中国热带农业科学院橡胶研究所

截至 2021 年底，中国热带农业科学院橡胶研究所党委配备书记 1 名，副书记 2 名，党委委员共 7 名，下设有党委办，配有 2 名专职党务工作者。所党委下设有 8 个党支部（含离退休支部），共有正式党员 151 名（退休党员 14 名、正式 137 名）、预备党员 1 名、入党积极分子 7 名，党员人数在职工中占比 60%。近年来，中国热带农业科学院橡胶研究所党委以政治建设为引领，将党支部建在研究室上，进一步强化党支部的服务功能和战斗堡垒作用，深入推进基层服务型党组织建设，运用和深化支部工作法，创新方式方法，强化党建与业务融合，以党建促业务，增强了党建工作的创新活力，促进全所各项事业的快速发展，涌现出一批先进党支部和优秀共产党员。

2. 中国热带农业科学院测试中心

截至 2021 年底，中国热带农业科学院测试中心在职党员人数占比已超过 70%，在近 3 年获批的院级以上项目中，项目负责人是党员的占比达到 79.5%，其中获得的省部级以上项目负责人是党员的占比为 74%。在 35 岁及以下的职工中，党员占比为 75%。近 3 年来获批的项目中，负责人 35 岁以下的共有 36 项，其中负责人为党员占比是 86.1%。测试中心现有的 7 个研究室中，研究室负责人党员为 5 人，其中支部书记为 3 人。2017 年测试中心开始成立热带农产品质量安全创新团队，该团队主要是建立在农业农村部质检中心及测试中心各研究室的基础上，该团队中 2 人次获海南省直机关“优秀共产党员”，2 人次获中国热带农业科学院“优秀共产党员”，主要由测试中心的质检中心支部、科研支部、农药研究支部组成。

3. 中国热带农业科学院后勤服务中心

截至 2021 年底，中国热带农业科学院后勤服务中心党委配备书记 1 名，副书记 2 名，党委委员共 7 名，下设有党委办，配有 1 名专职党务工作者。党委下设 5 个党支部（含离退休支部），共有正式党员 89 名（退休党员 34 名、正式 55 名）、预备党员 1 名、入党积极分子 6 名，党员人数在职工中占比 21%。

（二）以科技创新工作为主的创新团队在提升竞争力中的党建引领举措

1. 中国热带农业科学院土壤肥料创新团队

中国热带农业科学院土壤肥料创新团队主要开展土壤改良、植物营养与施肥以及新型肥料研发等科研工作。支部现有正式党员 16 人，近年来在橡胶研究所党委领导下，以政治建设为引领，加强支部党员思想政治学习教育，支部党员思想水平得到进一步提高。坚持党建工作与业务工作紧密结合，以党建促进科技创新能力提升，业务发展良好。

一是以多种形式开展党建工作，为科研工作发展提供思想政治保障。第一，推进理论学习，加强思想建设。通过组织生活会、集中学习、上党课等方式，加强思想理论学习。重点学习党的十九大精神以及习近平新时代中国特色社会主义思想，以及习近平总书记关于“三农”工作论述以及乡村振兴方面的理论知识。组织党员参加院、所系列主题教育活动，尤其是“不忘初心，牢记使命”主题教育专题党课。组织党员通过学习强国 APP、微信公众号等网络途径进行党的理论和党建知识学习。通过系统学习，增强“四个意识”，坚定“四个自信”，做到“两个维护”。党员思想理论水平得到进一步提高。第二，开展“三会一课”组织生活，加强组织建设。坚持支部党建标准化要求，召开支部委员会会议，讨论支部党建工作计划并组织党员学习，通过组织生活会加强党员教育。按照党章规定和所党委部署，按期进行支部换届选举工作，目前支部委员会由 5 名支委组成，工作力量得到加强。吸收退休老教授何向东同志加入中国共产党，何向东同志是“庆祝中华人民共和国成立 70 周年”纪念章获得者，在橡胶树营养与施肥科研工作中作出了很大贡献，为支部党员起到了较好的榜样作用。支部号召党员向何向东同志学习，起到较好促进作用。通过支部“三会一课”工作，尤其是组织生活民主评议等使党员增强党性教育，充分认识到自身的不足，并在后续工作中努力改进，支部党员整体精神面貌有所提升。在面临新冠肺炎疫情等情况时能高度保持与党中央一致，积极参与抗疫工作，并捐款支持疫情防控工作。第三，开展形式多样的主题党日活动，增强党员凝聚力。组织党员前往定安母瑞山革命根据地纪念园，参观西联农场百年胶园、两院联昌基地及王牌树等基地，开展“不忘嘱托，牢记使命”主题党日活动。通过系列活动，使支部党员对海南革命历史有了更深刻的认识，牢记“应国家战略而生，为国家使命而战”的天然橡胶科技事业初心。组织党员参加集体政治生日主题党日活动，观看革命电影，组织青年干部征文、文艺晚会和党建知识竞赛等活动，通过这些文体活动，让党员在省直机关、院、所等平台展示风采，增强了支部和团队的凝聚力。

二是党建与业务紧密结合，促进科研业务发展。在支部工作中，注重引导支部党员把加强自身修养与提升业务能力相结合，对科研工作形成了较好的推动作用。支部党员以乡村振兴和产业需求为导向，努力钻研，争先创优，涌现出一批先进个人。他们勇于承担国家重点研发专项课题、海南省重大专项等重大任务，在化肥减施增效、土壤改良以及新型专用肥研发等方面取得较好进展；积极申报国家基金项目、农业农村部开放课题、广东省重点研发等各类项目，科研项目经费和成果产出增长明显。“热带主要经济作物种植园酸化土壤改良技术与应用”获海南省科技进步奖一等奖，“海南省大田洋耕地土壤质量评价及应用”获院科技创新奖二等奖。

三是发挥先锋模范作用，科技创新能力逐步提升。支部党员同志以生产实际问题和产业需求为导向，发挥不怕艰苦、勇于创新的精神，在海南省南繁耕地连作障碍、畜禽粪便资源化利用以及作物化肥减施增效等方面取得突破性进展，技术研发和创新能力得到提升。支部党员吴敏研究员带领团队在海南省三亚田间地头连续奋战 3 个多月，吃住在农业生产一线，应用连作障碍土壤综合改良技术，有效解决了豇豆、辣椒、西瓜、香蕉、圣女果等热区冬季瓜菜和热带水果种植中产生的连作土壤障碍，提升作物产量和品质。特别是有效解决了豇豆种植中的死苗问题，农民增产增收效果明显，得到当地村民和政府好评，受到《南国都市报》、南海网等新闻媒体报道宣传。支部党员林清火研究员，联合洋浦绿宝丰农资有限公司共同完成海南省农业环境污染治理项目“畜禽粪便资源化利用关键技术研究和示范”，明确了海南省畜禽粪便好氧堆肥最佳参数，研发出堆肥过程中臭气减排保氮技术，建立起好氧堆肥重金属钝化和抗生素消减生产技术，开发出系列有机肥 3 种，搭建起 2 条年产 10 万吨商品有机肥生产线，在服务企业和推动产业发展方面发挥先锋模范作用。

2. 中国热带农业科学院生理与采胶创新团队

中国热带农业科学院生理与采胶党支部建立在生理与采胶创新团队上，团队坚持党建和业务两手抓，充分发挥基层党组织的战斗堡垒作用，最大限度地调动起支部科研人员的积极性，研发了多项国内外领先的割胶新技术和割胶装备，积极服务“三农”、服务社会。

一是发挥党员先锋模范带头作用。2014 年，党支部分别赴我国云南、海南、广东三大植胶区调研。调研发现，实现机械化采胶是解决割胶工具落后这个产业难题的有效手段之一。为了解决该产业迫切难题，党支部创新工作理念，集中院所优秀科研人员建立攻关团队，将支部工作建立在科研第一线，充分发挥调动支部相关专业党员同志的先锋模范带头作用。时任党支部书记的曹建华博士带领团队攻克机械采胶难题，历经一千多个日日夜夜的奋斗、16 次样机研制失败，2017 年 5 月终于研发出第一代 4GXJ-1 型便携式电动胶刀，并成功在生产中应用，实现了机械割胶从无到有的突破。

二是党支部坚持把论文写在大地上。党支部注重加强支部党员思想政治学习教育，认真学习习近平新时代中国特色社会主义思想，全面贯彻党的十九大和十九届历次全会精神，始终把“论文写在大地上、成果惠及千万家”作为奋斗目标。党支部大胆创新、刻苦钻研，2019 年 7 月，第二代 4GXJ-2 型便携式电动胶刀研制成功，得到了胶农的高度认可。2020 年 5 月，随着我国疫情防控取得阶段性胜利，天然橡胶产业已开始复工复产，第二代 4GXJ-2 型便携式电动胶刀走进了海南省白沙县、琼中县的天然橡胶春季开割复产、脱贫攻坚中，不仅提高了胶农割胶效率，还保证了脱贫户持续的经济效益，助力胶农致富奔小康。

三是党支部加强“一带一路”科技合作。党支部坚持以全球视野谋划和推动技术创新，积极推动电动胶刀“走出去”，加强与“一带一路”沿线国家之间的合作交流，以更加开放的姿态积极融入全球技术创新网络，展现我国天然橡胶割胶机械科技实力。支部党员带头开展援外培训，时刻用党员的标准严格要求自己，将国内先进的科技知识传授给当地百姓，助力胶农脱贫、振兴乡村经济。第一代 4GXJ-1 型便携式电动胶刀和第二代 4GXJ-2 型便携式电动胶刀已在越南、泰国、柬埔寨、印度尼西亚、马来西亚、斯里兰卡、印度等 11 个植胶国开展了技术推广与服务，培训 500 余人次、推广 4 000 余台，电动胶刀已成为海南省和科技人员积极响应国家“一带一路”倡议的科技亮点。

（三）以“检验检测+科研”为主的创新团队在提升竞争力中的党建引领举措

中国热带农业科学院热带农产品质量安全创新团队牢牢将党建工作扎根“一线”，深入“一线”，以激发每一名党员的创新活力为目标，探索出了“三抓”模式，该模式从抓党史学习教育与理论学习、抓干部培养、抓党员执行力 3 个维度解决了党建与业务融合问题，切实发挥了党委“把方向，管大局，保落实”作用，让党建工作能紧紧围绕科技创新工作开展，在提升热区农产品质量安全水平中党支部战斗堡垒和党员先锋模范作用得到充分发挥，取得显著成效。

1. 抓“五学”模式，破解理论学习与实践工作“两张皮”问题

热带农产品质量安全创新团队聚焦“思与行”有机融合，在强化理论学习效果上想办法，党史学习教育开展以来，探索出了“五学”模式深入开展理论学习。

一是明确任务学，围绕党史学习教育目标要求，坚持“清单化”工作机制，对党委层面、支部层面、党员层面的学习任务、活动内容、学习材料等以清单方式列明，便于党委压实党史学习教育工作，便于基层党组织做到学习“有方向、有任务、有标准”。

二是抓住关键学，坚持抓党史学习教育先抓关键少数的思路，推动领导干部先学一步、深学一层，发挥“关键少数”示范带动“绝大多数”的作用。做到领导班子学在前列，以“领导领学+集体研讨”方式压实中心组学习，党政主要领导带头领学专题，推动中层骨干跟进学，明确各部门负责人尤其是支部书记要学在前列，盯紧支部书记讲好党史专题党课等必选动作质量。

三是抓准内容学，强化党史学习教育的针对性，根据党员的岗位职责不同制定了不同的学习主题。领导干部以“学习党史中民主集中建设”为主线，深入研究民主集中制的建设过程，为建设好中心领导班子提供借鉴。中层干部以学习“开创进取，大胆改革”为主线，深入学习深圳特区敢闯、敢冒、敢试、敢为人先的改革精神；奋发有为、只争朝夕的创业精神；自立、自强、自信的拼搏精神；团结友爱、扶贫济困的互助精神；诚实守信、廉洁奉公的奉献精神。普通党员以学习“艰苦奋斗、勇于创新”为主线，深入学习“两弹一星”热爱祖国、无私奉献，自力更生、艰苦奋斗，大力协同、勇于登攀的精神和中国热带农业科学院“草房上马”精神。

四是形式多样学，注重形式创新，强化平台建设，中心网站开辟了“党史学习教育”专栏，推出中央精神、先进典型、贯彻落实、支部动态等栏目；以新闻报道、典型宣传等形式，深入宣传党中央精神；不定期在单位征集党史学习教育、廉政等标语；制作党史学习教育宣传画；组织了“建党100周年”晚会等。在支部开展“五个一”党史学习教育，即党员每天开展一次党史自学、每名党员撰写一篇心得体会、每位支部书记讲一堂党史主题党课、每个支部开展一次党史学习教育主题研讨会、每个支部组织一次“红色之旅”。

五是解决问题学，引导干部职工树立“带着问题学、解决问题学”的理念，把“我为群众办实事”实践活动作为党史学习教育落脚点，围绕面向职工群众、面向热作产业发展两条主线，制定“我为群众办实事”实践活动清单，围绕破解难题、项目工程、政策举措、惠民实招 4 个方面开展了助力土壤改良与地力提升、高素质农民培训、提高离退休人员待遇、激发科研活力、做好内外良好循环、提升项目承接水平、提高办事效率、提高职工劳动获得感、推进地方示范点建设 9 个具体项目。为确保每个项目落地见效，明确了责任人、时间节点，实施挂图作战、销号管理，使项目得到稳步推进。

2. 抓干部融合培养，破解党建干部与业务骨干力量“两张皮”问题

热带农产品质量安全创新团队坚持“为发展培养干部”的用人理念，把党的政治建设落实到干部队伍建设上，不断优化党组建设和人才队伍建设。

一是强化基层党组织建设。坚持“把支部建在连上”的原则，把党支部建在“业务室”上，明确支部书记必须由业务室负责人担任，遴选党性强的年轻党员优化支委班子。同时，结合团队发展需要，凝聚广大科研人员，成立科研党支部，发挥了党员同志在科技创新方面的先锋带头作。

二是强化党员干部思想引领。依托党史学习教育，着力提高党员干部政治能力，组织了党史学习教育专题读书班，扩大到支委层面，开展“学党史、开新局”座谈研讨等，不断提高党员干部政治判断力、政治领悟力、政治执行力，着力将党员干部培养成为政治素质过硬、业务能力强的融合型干部。

三是拓展党员干部培养渠道。先后选派年轻党员骨干到农业农村部、地方政府等部门挂职 6 人，1 人入选海南省第六届人大常委会农工委委员，香蕉产业技术体系岗位专家 1 人，认定海南省高层次人才 19 人，20 人入选第一批海南省省级科技特派员，5 人入选海南省“三区”人才支持计划，打造了一支态度明朗、作风硬朗、心胸开朗的“三朗”干部队伍。

3. 抓党员干部执行力，破解党建责任与主责主业“两张皮”问题

热带农产品质量安全创新团队始终坚持业务工作和党建同部署、同落实，加强全过程监督检查，强化党员干部执行力。

一是强化党史学习教育过程监督。党史学习教育过程中，党委将党支部推进党史学教育质量和标准作为重要监督点，重点监督支部书记在总体部署落实、党史专题党课、支部“五个一”、组织生活会等，将党史学习教育压实到党支部。

二是强化党建考核结果的运用。党委将党支部的考核结果与支部所在部门的职工年度评优评先直接挂钩，支部书记既要管业务更要管党建，大大提高了各支部工作的主动性和工作成效，较好解决了党建与业务工作融合度不高的问题。

三是坚决扛起责任，解决热作产业发展难事。党史学习教育期间，党委紧盯“我为群众办实事”实践活动，广大党员坚决落实、勇于担当，充分发挥在检验检测方面的优势，推动热带农产品质量安全检验检测水平提升。先后举办了土壤和水质重金属检测培训班 2 期，助力全省环境分析能力提升；为农业农村部、海南省农业农村厅、海南省市场监督管理局、海南省环境科学研究院、海南省林业科学院等政府机构和单位提供检测技术服务，检测 3 000 多个样品；积极协助地方政府做好乡村振兴工作，指导当地土壤理化性质改良、产品安全生产，科技支撑五指山毛道村百香果示范基地建设。

4. 热带农产品质量安全创新团队党建引领竞争力的成效

热带农产品质量安全创新团队党员已经成为一支政治觉悟高、战斗力强的队伍，特别是在党史学习教育的催化下作用更为明显，在重大事件、攻坚克难等方面党员做到了“冲在第一线”“敢啃硬骨头”，切实发挥了党员干部先锋模范作用。尤其是在新冠肺炎疫情暴发后，热带农产品质量安全创新团队要求党员干部面对疫情迎难而上，在履职尽责中勇挑重担，充分发挥科研优势，奋战在“三个一线”，筑牢疫情防控“舌尖上的安全”，得到了各方的认可。

一是不畏疫情，“挺在一线”为百姓餐桌安全把关。2020 年 2 月 17 日，疫情最严重时期团队党员带头开始上班，全副武装深入一线开展抽样工作，期间共接收了质号样品 545 个、科号样品 370 个。质检中心党支部挺身而出、加班加点，以最快速度保质保量完成抽样、制样、检测、数据上报等工作，圆满完成了农业农村部、海南省以及海口市龙华区等政府部门农产品质量安全监测任务，为完成“确保疫情防控期间农产品质量安全”的政治任务提供强有力的科技支撑。

二是不辱使命，“坚守一线”守卫舌尖安全。“民以食为天，食以安为先”是热带农产品质量安全创新团队工作的宗旨。热带农产品质量安全创新团队不断强化服务意识及时响应市场变化需求，2 次进行检测能力扩项，扩项参数达 1 500 余项，检测能力不断提升、资质范围不断扩大。检测业务由传统农产品质量安全检测向农产品食品营养品质、环境质量检测逐步扩展。团队先后承担了生态环境部农用地土壤污染状况调查和重点行业企业用地污染状况调查项目。2020 年以来，为保障海南省农产品质量安全，热带农产品质量安全创新团队承担了海南省农产品质量安全例行监测、海南省农产品质量安全监督抽查及豇豆专项抽查等工作，共组织完成 1 500 多个样品的抽样、检测及报告出具，上报分析报告 6 份。团队承担了生态环境部组织的海南省企业用地调查项目，共计完成 33 个地块 72 个土壤样品和 28 个地下水样品的接样、制样、报告编制、数据汇总审核及上传工作，上传系统有效数据 4 045 项次。“十三五”以来，热带农产品质量安全创新团队完成了海南省各部门、企事业单位的委托检测任务，共完成近 3 万批次样品、近 48 万项次的检测。配合海南省农业厅做好“三品一标”认证检测和监督抽检，完成近 700 批次产品抽检，涵盖近 400 个企业（合作社），为海南农产品质量安全作出了巨大的贡献。此外，还积极开展海南基层质检机构建设帮扶工作，举办培训班 10 期，培训技术人员 115 人次；对海南省 6 个农产品质量安全县建设进行指导，开展培训；帮助三亚、陵水、东方等 6 个市县开展农产品质量安全体系建设。

三是不忘初心，“冲在一线”彰显担当作为。热带农产品质量安全创新团队先后派出了 5 名平均年龄 35 岁的青年科技特派员奔赴陵水、五指山等果蔬生产一线开展疫情后的“复工复产”和科技服务，提供了 95 吨的酸性土壤改良肥支持海南农产品稳产保质。同时，热带农产品质量安全创新团队每月都会派党员到五指山毛道村等“三区”开展产业调研、咨询以及科技服务工作。有 1 名党员被授予五指山市“优秀生态科技特派员”荣誉称号。热带农产品质量安全创新团队找准质量安全的源头——土壤，研发了耕地土壤重金属污染钝化调理技术，建设了 20 多个试验示范基地，示范效果显著，该技术入围海南省 2021 年农业主推技术。年轻党员黎舒怀同志发挥攻坚克难精神，解决热带农产品质量安全检测技术难题，发表影响因子 4. 0 以上论文 14 篇，其发表的论文被多名中国科学院院士及国外知名科学家如以色列本·古里安大学 Ilse Katz 纳米科学技术研究所创始人等引用，并给予高度评价。在海南省优秀共产党员韩丙军同志的带领下推进热带农业标准制修订工作，已制定标准 77 项，测试中心成为我国农药残留国家标准的主要制定单位之一。

热带农产品质量安全创新团队的优秀表现得到了各方的肯定和认可。

2021年，先后获海南省直机关“先进基层党组织”“职工之家”等荣誉称号，以及中国热带农业科学院“先进基层党组织”等荣誉称号。2017年以来，2人次荣获海南省直机关“优秀共产党员”，4人次获中国热带农业科学院“优秀共产党员”，2人次获中国热带农业科学院“优秀党务工作者”称号，撰写的党建论文4次获海南省直机关党建课题研究优秀奖。

（四）以服务工作为主的团队在提升竞争力中的党建引领举措

1. 中国热带农业科学院橡胶研究所科技服务中心党支部

科技服务中心党支部是橡胶科研与生产结合的桥梁，以天然橡胶科研成果为依托，以服务产业和服务“三农”为宗旨，通过示范、培训、成果转化与服务等手段，为天然橡胶产业提供科技服务和技术支撑。

一是总结凝练党支部“螺旋式”工作法。科技服务中心党支部在科技推广中总结形成了一套具有科研单位基层党建工作特色的党支部“螺旋式”工作法。“螺旋式”工作法以服务“三农”为宗旨，坚持“围绕业务抓党建，抓好党建促业务”的思路，以科技推动生产发展、生产实践促进科技创新为核心，以提高橡胶种植技术、促进产业增效胶农增收为目标，以推广新技术、反馈新问题为手段，建立“科研—推广—生产”全链条工作模式，循环往复、持续提升。“螺旋式”工作法的要点是党员下基层、科技惠“三农”、生产促科研。科技服务中心党支部紧密围绕工作，加强党员干部思想政治教育、能力素质培养，增强服务意识和本领，把科研、技术推广与服务产业有机结合起来。在日常工作中加强学习培训，提升自身能力；在深入基层中“带下去”新技术，解决生产实际问题；在服务过程中“带回来”新问题，为科研选题提供依据，提高科技贡献率。

二是科技服务乡村振兴。“螺旋式”工作法是天然橡胶科技服务工作的基本模式，是在长期的工作实践中总结形成的，是党建工作与业务工作的有机结合。以基层党建促进科技服务工作健康有序推进，以科技服务工作锤炼党员的作风，增强了团队凝聚力和协作力，为加快科技成果转化速度、提高天然橡胶产量、增加农民收入作出了积极贡献，党员干部在工作中加强了思想政治教育、能力素质的培养，增强了服务意识。党支部坚持“党建带群建、群建促党建”，引导和组织科技服务中心人员常年深入基层农村，科技服务乡村振兴。通过课堂培训、胶园指导、现场示范和远程培训等多种形式，向广大胶农推广橡胶树新品种和新技术；长期与海南、云南、广东农垦及民营胶主管部门合作，开展各种形式的培训班，选取示范户，建立橡胶树速生丰产示范基地，辐射带动周边胶农学科技用科技的热情，不断提高其橡胶种植水平；以“城乡互联，创先争优”“百名党员专家连百组”活动为载体，进行现场观摩和技术培训。

三是支部书记发挥模范带头作用。科技服务中心党支部书记刘钊同志发挥模范带头作用，科技服务乡村振兴，挂职海南省白沙县青松乡拥处村第一书记，筚路蓝缕、以启山林，工作取得了较大成效，得到上级部门的一致认可。村两委班子获得“五星党支部”“白沙县优秀基层党支部”等称号，个人获得“青松乡优秀党务工作者”“中国热带农业科学院橡胶研究所优秀共产党员”等称号。引进产业发展项目 11 项共计 116.84 万元，开展“啦欧门”活动，并由中央电视台《新闻联播》展开了“海南：精准发力　拓旅游扶贫新路”的报道。支部考核优秀被省委宣传部树为脱贫攻坚典型并进行 7 次报道。刘钊同志在任青松乡挂职科技副乡长期间，协助完成全乡扶贫工作；帮助全乡制定山兰稻、益智和海砂橡胶林下间作、蜜源植物种植、橡胶林下生姜容器化种植等 4 份产业发展方案；开展科技培训培训 1 600 人次，引进新品种 3 个；完善科技 110 站的硬件设施，引进科技项目 3 项，为合作社申请商标 1 个、设计制作包装 5 000 条和建设 QS 加工厂，初步形成山兰稻的全产业链条。刘钊同志获得海南省科技厅“精准扶贫科技先行报告会先进个人”“优秀挂职科技副乡镇长”称号。

2. 中国热带农业科学院后勤服务中心第二党支部

后勤服务中心第二党支部是一支真真正正干在基层、服务于基层的党员队伍，主要从事海口热带农业科技博览园建设管理，海口院区办公楼及住宅楼物业服务，院区环境绿化养护、卫生保洁、水电维修、安全秩序维护等后勤服务保障工作。近年来，党支部坚持以党的政治建设为统领，深入推进党建与业务工作融合，党建工作取得较好进展。

一是坚持“五个结合”，促进党建工作与中心工作融合发展。第二党支部结合中心工作特点和整体发展需要，按照后勤党建工作“五个结合”，即“与服务科研工作相结合、与服务科研人员相结合、与服务党员同志相结合、与服务群众相结合、与党风廉政建设相结合”的思路，开展了一系列党建工作，为“安全后勤、质量后勤、科技后勤、绿色后勤、和谐后勤”保驾护航，有效推进中国热带农业科学院后勤工作的可持续发展。

二是与服务科研工作相结合，在思想教育上下功夫。紧密结合后勤服务保障重点工作任务，充分发挥党支部战斗堡垒作用和党员先锋模范作用。在

2022年新冠肺炎疫情防控期间，第二党支部全体党员投身疫情防控具体任务中，做好院区进出管控、环境消杀、住户信息登记等细致工作，配合社区做好3 000多人的全员核酸筛查，为守护院区安全贡献力量。在面对时间紧、任务重的保障任务时，支部全体党员义不容辞地参加义务劳动，在劳动中增强党员的责任意识和担当意识。在抓好各项服务保障工作的同时，第二党支部坚持把思想政治教育作为党建工作的重要任务，针对支部党员年龄大、文化水平低、理论学习有一定困难的实际情况，组织党员参与形势报告会、听学习讲座，结合实际开展外出考察、观影等形式，用喜闻乐见的形式开展教育活动。充分利用“学习强国”平台加强党员干部的理论学习，要求党员每日学习积分不得少于38分，并对学习情况按季度进行总结通报，党员们从原来的“被动学”转变为“我要学”，全体党员学习意识得到增强。同时紧密结合新形势下后勤服务保障工作的特点和党员们的思想状况，灵活开展思想教育，不断丰富思想教育载体，真正使党的基本知识与理论入脑、入心。

三是与科研人员需求相结合，在服务品质上下功夫。后勤工作就是为各所科研人员提供后勤保障服务，干的都是平凡小事，做的都是重复性劳动，平凡到无人注意，重复到日久生厌。部分员工还会在与科研人员的接触过程中，因为文化水平的差异产生自卑情绪和思想包袱。一方面，为切实加强员工队伍的稳定性，党支部书记充分利用“三会一课”，将安全意识、服务意识融入思想教育之中，把党组织的教育管理和监督等基本职责渗透到业务工作的方方面面。另一方面，党员所在的物业公司引入ISO 9001质量管理体系，对卫生保洁、环境绿化、餐饮服务等工作实施标准化、规范化管理，提升职工岗位责任意识，提高服务效率；注重职工服务意识和能力培养，加强服务礼仪规范培训；物业部门开设微信群，党员主动当起信息联络员，加强与科研人员和业主的沟通联系，对提出的问题反馈及时处理，进一步提升了服务水平。

四是与服务党员相结合，在提升素质上下功夫。党支部书记积极组织支委参加党务工作者培训，按照“干什么学什么、缺什么补什么”的原则，将组织培训和自我教育相结合，工作研究与实践锻炼相结合，不断提高支委的履职能力、强化工作本领，更好地在支部建设管理中发挥应有作用。另外，不断增强党员服务群众的本领。开展党员+群众结对帮扶机制，每位党员联系一名群众，强化党员的思想素质和服务意识。同时，坚持在“一线”

展开教育引导，设立“党员先锋岗”，划定“党员责任田”，建立“党员联系群众”帮扶机制，让党组织政治功能和党员先进性与服务职责的高度融合，激发党员牢固树立“一个党员就是一面旗帜，一个岗位就是一份责任”的意识，引导党员立足岗位做奉献，争先创优当模范，彰显党员的精神风貌，促进广大党员更好地联系和服务科研人员，不断提高服务本领。

五是与服务群众相结合，在业务工作上下功夫。结合支部党员的岗位职责，大力推进党建与业务深度融合。第一，奋力建设海口热带农业科技博览园。海口热带农业科技博览园内含热带国花园、热带百果园、热带珍稀植物园三大观光园和热带农业科技展示园，种植了上千个热带植物品种。2021年以来，该园获批“国家3A旅游景区”“全国科普教育基地”“海南省科普教育基地”“海口市科普教育基地”“全国热带作物科普基地”等称号，成为热带农业科普、研学培训、科技交流的重要阵地，已接待游客4万余人次，是中国热带农业科学院对外宣传展示的亮丽名片。第二，打造“热科学堂”，科普服务社会。第二党支部依托中国热带农业科学院科技人才队伍和研究领域优势，联合科研人员共同参与热带农业科普品牌“热科学堂”的打造和推广，真诚服务社会，体现了中国热带农业科学院在全民科学素质教育中的责任担当。自2021年6月推出“热科学堂”科普研学课堂以来，完成了12期不同的专题讲座，124场次科普活动。开设的讲座均受到家长和小朋友们的热烈欢迎，反响强烈，科普推广人数11 046人。第三，以强烈的责任感和使命感做好垃圾分类工作。海口实施垃圾分类工作以来，第二党支部党员们积极投入垃圾分类宣传、引导住户进行垃圾分类的具体繁杂工作中。2020年9月至今，第二党支部党员无论是在炎热的夏季还是在狂风暴雨的日子，都一直坚守在垃圾分类的督导岗位上，就连国庆、春节等节假日也从不“打烊”，院区职工群众纷纷点赞，2021年、2022年中国热带农业科学院海口院区被评为“龙华区垃圾分类优秀示范点”。

六是与党风廉政教育相结合，在廉政教育上下功夫。第二党支部党员的业务工作具有特殊性，工程材料采购、绿化苗木采购，直接接触金钱利益的机会较多。面对种种诱惑，支部严格落实以下几点。第一，支部书记坚持把纪律和规矩挺在前面，坚持以严的标准要求党员、以严的措施管理党员、以严的纪律约束党员。与党员们签订了《第二党支部党员“一岗双责”目标承诺书》，将廉洁自律内容纳入党员承诺事项。第二，支部组织（纪检）委员充分发挥好监督“前哨”作用，不定期深入各班组检查存在的问题，对工作中发现的漏洞及时整改，用多提醒多督促的方式做实日常监督。第三，经常性开展警示教育。用好身边人做好警示教育，每季度开展1次党风廉政建设主题党日活动。

在“十三五”期间，后勤服务中心安全供电9 366万度、供水350万吨，清运生活垃圾1.58万吨，公共服务面积253.1万米^2，为职工工作和生活营造了舒适、优美、安全的环境，提供了较高质量的后勤服务保障，院区职工群众的幸福感、安全感和获得感不断增强。第二党支部的优秀表现也得到了各方的肯定，被评为中国热带农业科学院后勤服务中心“2021年度先进基层党组织”；5人被评为中国热带农业科学院“优秀共产党员”“先进工作者”；2人被认定为海南省高层次人才；14人次在近3年年度考核中获优秀等次。

六、党建引领高效农业科研创新团队路径分析

多年来各基层党组织、党校等都开展了大量党建模式的研究，但是许多研究存在就党建而论党建的现象。近年来国内学者在结合国外“嵌入”理论的情况下，提出了“党的嵌入”这一具有中国特色的解释概念，即中国共产党及各级党组织通过组织嵌入、人事嵌入等方式，在政党组织和被嵌入组织之间建立一种信任关系，“党的嵌入”把党的信息传递给嵌入组织的同时，调动了被嵌入组织参与公共事务治理的积极性。高效农业科研团队作为以科学研究为主责主业的事业机构，既有体制内单位的共性，又有其独特性，所以农业科研团队在开展党建工作时不能局限于党建自身逻辑的思维定式，而是应该以党建引领农业科研团队发展的逻辑去思考。“嵌入式”党建模式可以很好地避免出现科研团队党组织就党建而做党建的现象，以及解决科研团队服务能力不足等问题，结合农业科研创新团队的特点，可从党建嵌入主体动机创制上、党建嵌入组织建设创制上、党建嵌入业务内容主体中、党建嵌入人才培养4个方面开展嵌入工作。

（一）党建嵌入主体动机创制上，增强科研团队的核心使命意识

我国最大的特色就是坚持党对各级社会组织的全面领导，发挥党组织的价值引领与方向引导作用，通过党的引领去纠正社会组织中错误的思想和动机，去引领社会组织成为国家发展的重要建设者。农业科研团队通过将党建工作嵌入其中，可以从团队发展和科研人员个人的主体动机层面解决其最根本的思想问题，方法如下。

1. 将政治引领嵌入发展与责任中

审视农业科研创新团队在发展的过程中是否有站在党和国家工作的角度去承担历史使命，对自身的地位是否有正确的认识，是否抓住了国家和人民群众对科研事业的新期待，这样在开展科研工作时才能真正成为“将论文写在大地上，把成果带进百姓家”的“国之大者”。农业科研团队党组织要始终贯彻政治责任意识，教育引导广大科研人员提高政治站位，强化政治担当，注重在发挥自身功能过程中提升政治鉴别力和政治敏锐性。要突出政治担当，把党建与业务工作同部署、同检查、同考核，让党旗飘扬在科技创新的第一线。

2. 将思想引领嵌入团队精神文明建设中

农业科研创新团队除了具有能否发挥带头作用的领头人外，还需要营造良好的工作氛围和创新氛围，这是农业科研团队重要的软实力。党建思想建设工作的目的是什么？就是增强党的导向性、吸引力和凝聚力，导向性能确保党和周围的人坚持正确的方向，吸引力能吸引人民群众，尤其是青年人员向党组织靠拢，凝聚力就是将党外人士围绕在中国共产党周围。组织文化又是什么？是一种无形的静态影像，又是一种有形的流动符号，是组织重要的软实力，从规范约束、价值导向、认知凝聚、精神激励以及社会辐射等维度对组织生长的延展性发挥着重要作用。因此“嵌入式”党建模式要高度重视“嵌入系统”——农业科研团队的文化建设。将思想建设嵌入团队精神文明建设中，推动农业科研团队建设学习型团队建设。加强党的思想教育，推动党的理论成果入脑入心，落地落实，帮助农业科研团队找准重点，集中力量解决主要矛盾，提高农业和科研团队对未来发展的研判力。党的思想理论是在实践基础上产生的新思想、新理念、新战略，是我们党的战略方向，既解释了社会矛盾的内在规律性，又能够洞察事物发展规律。要在迅速变化的时代中赢得主动，就要以党的理论创新为农业科研团队发展提供源源不断的动力，通过党的思想建设来指导团队未来发展的选择。通过不断运用党的理论武装党员干部，不断解放思想，增强党员干部的担当意识和使命意识，解决科研人员某些不合时宜的、滞后于发展规律的思想观念，通过建设学习党组织培养创新精神，为团队发展提供坚强的原动力。

（二）党建嵌入组织建设创制上，构建交融的组织关系

组织形态是组织结构的外部形式，组织结构是组织形态的支持载体。在组织建设创制上嵌入就是指在农业科研团队建立党组织，通过在农业科研团

队中发展党员，去激活农业科研团队发展的内生动力。

1. 嵌入吸纳，重构农业科研团队党组织建设

“支部建在连上”是中国共产党的优良传统。支部建在了连上，也就建在了心上。心里的力量喷薄时，背后永远是理论的清醒、政治的坚定，是一切行动听指挥催生的无畏战斗力。支部建在连上可以将党的建设推进到战斗的第一线。科研院所在农业科研团队党组织建设中，特别是在建立基层党组织时就应该继承这优良传统，依托科研组织个体建立党组织，把握“一切以推动业务发展”为宗旨，通过把支部建在研究室、内设部门，将相同业务室的党员分配在一个支部，将党组织嵌入业务组织体系中，将两者深度融合。如中国热带农业科学院测试中心正处在由单一的检验检测研究所向开展检验检测服务+农产品质量安全科技创新的改革发展阶段。随着改革的深入，测试中心近年来对基层党支部进行了两次优化：一是成立了科研党支部，让课题组有了党组织，为打赢科技创新翻身仗提供坚强的政治思想和组织保障；二是成立了质检中心支部，将质检中心拧成一股绳，稳固服务基本盘。中国热带农业科学院在赴西藏开展种质资源考察时成立了临时党支部，通过临时党支部的建立引领考察任务的顺利开展。可以说，通过党组织的建立很好地解决农业科研团队内部的凝聚力，改变了组织松散的状态。同时，在开展农业科研团队党组织的建设中要善于挖掘科研骨干人才，将其纳入党组织，在中国的 9 500 多万党员中，知识分子的比例还是相对较低的，科研院所的党员虽然逐年增加，可是与其他社会组织相比还是有增长空间，“青年兴则国家兴”，农业科研团队要积极将青年科技骨干纳入党组织，加强对党员的培训，使科研骨干不断加强理论武装，通过个体的提升推动团队的提升，使农业科研团队党组织真正成为一个能够为农业农村现代化发展贡献力量的团队。

2. 明确权责主体，搭建监督议事平台

农业科研团队党组织最主要的任务就是“把方向、管大局、保落实”，开展组织建设就是要充分发挥党组织建设“管大局”的作用，因此要明确好农业团队党组织在决策、执行、监督等方面的权责和体制机制，使其组织化、制度化、具体化。完善党的领导下，党组织与科研团队的融合，具体可让研究室、课题组、创新中心的主要负责人担任支部书记，履行“一岗双责”“第一责任人”的职责，有效解决党支部弱化、虚化、边缘化等问题；通过党组织嵌入让党的机制体系建设中心决策体系建设与农业科研团队的协商制度建设充分融合，发挥党组织建设中民主集中制的制度优势，采取“三重一大”议事决策制度、党员大会、组织生活会等方式强化对课题组负责人、党员领导干部的监督，畅通党员参与讨论党内事务的途径，广泛听取团队内党员、民主党派、无党派人士、群众的意见，让团队内的人都能参与进团队的发展议事决策中，营造团队内部民主讨论的政治氛围，解决科研团队发展中与科技人员需求不匹配的问题，进一步提升农业科研团队的科学决策水平，确保中央“三农”决策部署和关于农业科技创新的指示要求得到全面贯彻执行。如团队内部科技成果转化的分配这种关系到科研人员切实利益的重大问题，应积极听取大家的意见，再通过党员大会等会议决定。

（三）党建嵌入业务资源主体中，促进党建与业务的深度融合

基层党组织主要是通过提供服务来取得社会的认同，以服务为导向的党组织是基层党组织建立的方向。作为基层党组织，其核心目标和落脚点始终都是推动业务发展，无论是意识形态的建立还是稳定人心，最终的目的都是保障业务的发展，业务发展的目标、要求都是基层党组织党的建设需要参考的重要因素。在开展党的建设时，基层党组应将建设的任务、方式方法随着基层组织任务的变化而调整，就是要将党建嵌入基层党组织的业务主体内容中，将党建与业务工作“同部署、同推进、同监督、同考核”深度融合发展。农业科研创新团队是促进我国农业发展的重要力量，其主要任务就是推进农业的全面创新和为服务“三农”贡献力量，在农业科研创新团队开展党的建设就是要将党组织的服务意识嵌入农业科研团队的业务工作主体中，充分发挥党组织“保落实”的作用，推动农业科研团队转变服务理念、服务方式、拓展服务功能，解决部分科研人员服务意识淡薄和农业科研团队服务效能低下等问题。可以说，推动党建工作与业务主体内容的融合是“嵌入式”党建的核心问题和重要落脚点。要想激活“嵌入系统”——农业科研创新团队，主要可以从方式、方法和手段的创新上入手。在开展党建活动时，在传统固定的党建活动基础上结合自身业务工作，创新党建方式，探索开放式、沉浸式党建活动，让党建活动更符合科研人员的需求，让党建与业务双促双融。要紧抓农业科研团队创新与服务工作两条主线，开展“创新+服务型”党组织建设。

1. 将党建嵌入科技攻关中，激发科研团队的创新活力

新一轮科技革命和产业变革突飞猛进，科学研究范式正在发生深刻变革，党中央坚持把科技创新摆在国家发展全局的核心位置，科技创新是科技发展的灵魂，也是农业科研团队发展的“内核”。党的十九大以来，党中央全面分析国际科技创新竞争态势，深入研判国内外发展形势，针对我国科技事业面临的突出问题和挑战，坚持全面谋划科技创新工作，形成高效的组织动员体系和统筹协调的科技资源配置模式，党为我国科研事业的发展指明了方向和根本遵循，是我国科研事业发展的政治保障。农业科研团队要想实现创新发展就要充分发挥党组织在团队中的作用，通过党组织建设将党和国家的要求贯彻部署落实到科研团队的建设中，坚持科研团队党的建设应当围绕中心工作来开展，抓中心工作也要从党建工作入手。创新归根结底是人推动的，每一名科研人员的创新能力决定了农业科研团队的创新能力，党组织要把落脚点放在培养一支高素质的党员队伍上，激发每一名党员的创新活力，激励党员争当科技攻关上的创新先锋，使农业科研团队党组织和党员成为科研院所改革创新发展的先锋队，将科研院所发展和国家科技发展的“卡脖子”难题作为党建主题活动的核心，在重大科技攻关等任务中发挥先锋模范作用，充分发挥好党组织的战斗堡垒作用。

2. 党建嵌入服务乡村振兴上，彰显责任担当

结合团队自身的科研方向，承担起必须履行的政治责任、经济责任和社会责任。要根据农业科研团队的特点以及业务特色开展有针对性的党建活动，把党建活动的开展与农业科研团队的日常管理、团队建设、社会服务等有机统一。农业科研团队是推动农业供给侧结构性改革的“战斗堡垒”，其工作核心就是全心全意为中国农业现代化发展服务，在组织创新中要充分发挥农业科研院所的优势和特点，创新党建的内容和方式。将“三会一课”、主题党日活动等与科技攻关、乡村振兴等相结合，以加强党员思想教育为前提的同时，提高党员为农业农村现代化发展服务的意识。如选派党员到贫困村去挂职“第一书记”，通过挂职增强党员为人民服务的意识。

（四）党建嵌入人才培养中，搭建“复合型”人才培养的平台

科技创新工作的关键在于“人”，党建工作就是做“人”的工作，旨在提高党员干部的思想素养、理论修养和工作能力，通过党建工作发挥“党管人才”的优势，不断解放思想，更新观念，激发科研人员活力、潜力，是科研院所党建工作的根本目标。

通过对中国热带农业科学院几个创新团队申报上的科研项目及获得的科研成果等情况展开调研，发现科研骨干中党员占比很高，尤其是科研团队中的党务工作者往往也是科研团队中最中坚的科技创新人才。党务工作者的经历往往会极大地增强科研人员的政治领悟力、执行力及管理能力等，让科研人员的知识结构由“单一型”向“复合型”转变。通过让科研骨干力量成为党务工作者，将党建嵌入团队的人才培养工作可以为科技创新培养复合型人才。但是，通过调研发现，在农业科研团队中由于业务工作繁重等原因主动想成为党务工作者的科研人员占比还是比较低的，主要来自上级委派，实在无法推脱，且成为党务工作者后由于团队和单位本身配套措施不完善，导致在开展工作时面临很大的压力，相关的待遇也没有保障，极大地打击了农业科研团队中党务工作者的工作积极性。在充分调研的基础上，根据农业科研团队的特点，可从实现三大转变、完善两大机制、用好三大奖励来做好农业科研团队党组织中党务工作者的培养工作。

1. 实现三大转变，强化“铸魂”工程

一是转变思想。通过与科研人员座谈发现成为党务干部大多是由于上级委派，而且成为党务干部的意愿与该单位领导班子的重视程度密切相关。因此，科研院所领导干部要提高对党建工作重要性的认识，高度重视党务工作，肯定兼职党务干部在工作中的付出，强化主体责任，提高党建干部地位，履行好“一岗双责”，配合党务干部开展党务工作，发挥“领头羊”作用，做好表率，为党务干部“撑腰”，为开展党务工作营造良好的氛围。二是转变工作思路。转变工作思路，将党建工作与业务工作相结合，实现党建工作与业务工作齐抓共管，实现同部署、同落实、同考核。三是转变角色。建立多层次、立体式的培训体系，将理论、业务、技能“三位一体”相结合，让兼职党务工作者的知识结构由“单一型”向“复合型”转变，丰富党务知识，做到在工作上有底气，提高工作水平，让兼职党务工作者的工作从“被动型”向“主动型”转变，由“经验型”向“创新型”转变。同时，通过培训为党务工作者搭建交流的平台，加强党务工作者间的交流。

2. 完善两大机制，倒逼责任落实

美国管理大师彼得·德鲁克于 1954 年在其《管理实践》一书中首次提出“目标管理”这一概念。他认为，并不是有了工作才有目标，而是有了目标才能确定每个人的工作，如果一个领域没有目标，这个领域的工作必然被忽视。目标管理在现代企业管理中被广泛运用。所谓党建目标管理，就是将一定时期的所有党建工作抽象为定性、定量的总目标和具体目标，再把制定出的目标分解，形成层层展开、层层保证并相互配合的目标体系和组织体系。习近平总书记强调，“不明确责任，不落实责任，不追究责任，全面从严治党是做不到的”。对科研院所而言，通过党建目标管理可发挥党组织的核心作用，通过明确目标和评价标准，帮助兼职党务工作者做到有目标、有动力，提高党的建设科学化水平。一是健全党建工作责任制。党组织主要领导同志要负起党建工作第一责任人的重任，把党建作为整体工作的重要组成部分，同部署、同攻关、同落实、同考核。其他党组织领导同志也要按“一岗双责”的要求，配合做好党建工作，形成党建工作与业务工作齐抓共管的责任机制。二是科学设定管理目标。结合单位实际，形成任期内目标、年度任务。将党建工作中的常规动作结合现阶段要求和进展情况变化进行优化和调整，适时完善目标内容及责任要求，使目标更明确、责任更清晰；对上级部门要求的党建重大任务，要及时把其作为管理变量，同步纳入考核体系中，体现导向性。三是建立党建工作绩效考评评价机制。只有通过建立绩效考核评价机制，才能引导基层党组织自觉围绕中心开展任务。通过建立健全系统考评、分类考评、多元考评等三项制度，把届内考核、年度考核、日常考查相结合，使考核评价更科学可信。尤其要加强日常考察的分数占比，考察识别干部，功夫要下在平时，并注意重要关头、关键时刻。让党建工作严在日常。同时完善多元考核制度，建立群众评价、同级评价、上级评价的“三位一体”考核机制，全方位、多层次的提高考评制度的公信度、准确度和认同度。

3. 用好三大奖励，激发工作活力

勒波夫博士在《怎样激励员工》一书中指出，世界上最伟大的原则是奖励；受到奖励的事会做得更好。在完善目标管理体系后，科研院所应强化考核结果的运用，充分调动兼职党务工作者的积极性、主动性和创造性。将考核结果与评优评先、薪资待遇、职业发展、职称评审等挂钩。

根据表 3-3，不同年龄样本对于加强精神鼓励、加强教育培训、加强考核监督、与晋升挂钩这 4 项不会表现出显著性，但是不同年龄样本对于提高福利待遇这一项呈现出显著性，意味着不同年龄样本对于提高福利待遇有着差异性。差异较为明显的组别平均值得分对比结果为“90 后>70 后；80 后>70 后”，这就意味着，在科研院所中有大部分的 80 后、90 后非常重视福利待遇，因此科研院所要加强提高福利待遇。一是要强化物质奖励的运

表 3-3 不同年龄样本的方差分析

方差分析结果						
项目	年龄（平均值±标准差）				F	P
	90 后（n=5）	80 后（n=27）	70 后（n=6）	60 后（n=1）		
加强精神鼓励	0.40±0.55	0.56±0.51	0.83±0.41	1.00±null	0.987	0.410
提高福利待遇	1.00±0.00	0.70±0.47	0.17±0.41	1.00±null	3.978	0.015*
加强教育培训	0.40±0.55	0.59±0.50	0.67±0.52	1.00±null	0.495	0.688
加强考核监督	0.00±0.00	0.22±0.42	0.50±0.55	0.00±null	1.431	0.250
与晋升挂钩	0.80±0.45	0.67±0.48	0.17±0.41	1.00±null	2.441	0.081

注：* $P<0.05$；** $P<0.01$。

用。物质待遇是干部维持生活、履职尽责的最基础保障。恰当与及时的物质奖励具有很强的引领与激励作用。科研院所的党务工作者大多身负繁重的科研任务或行政任务，他们要在完成本职工作的同时，还要做好党务工作。因此，要让兼职的党务工作者的付出得到回报、耕耘得到收获。科研院所要健全完善兼职党务工作者物质待遇保障制度，合理调整兼职党务工作者的工作待遇，根据工作量、职务进行补贴，通过科学合理的物质激励，让干得多的得到的实惠多，让功劳大的获得的奖励大。二是强化在精神激励方面的运用。精神激励是唤醒内心自觉的有力武器，可以最大化调动干部的主观能动性，而情感激励则可以增强兼职党务工作者对党组织的归属感和对党建事业的责任感。科研院所应该注重兼职党务工作者队伍的团队建设，加强人文关怀。一方面要在工作上支持，党委（党组）组织部门和各级党组织主要负责人要及时掌握党务工作者队伍的思想动态，通过谈心谈话制度，及时了解党务工作者在工作和生活中遇到的困难，切实帮助解决遇到的难题。另一方面要充分发挥兼职党务工作者的表率作用。根据兼职党务工作者贡献的高低，按优、良、中、差区分开来，科学增设工作表彰奖项，在“七一”、年终会议等场合进行表彰，增强兼职党务工作者的荣誉感和成就感，营造鼓励先进、鞭策后进的良好氛围，充分发挥先进典型的良性导向作用。三是强化在干部选拔方面的运用。正确选人用人，是对干部最大的政治激励，是最直接、最有效的引领促进。科研院所应积极了解党务工作者成长所需，将党务工作作为培养干部的重要平台。优先推选年轻的科研骨干力量担任兼职党务工作者，将兼职党务工作者纳入单位后备干部队伍，优先提拔使用后备干部队伍中的兼职党务工作者，让党务工作者队伍合理流动起来。让那些想干事、能干事、干成事的干部有机会、有舞台。充分运用考核结果，让兼职党务工作者认识到党务工作的价值与意义，将年度考核、任期考核、专项工作表现等作为干部选拔任用的重要参考依据，以此调动干部工作积极性和主动担当意识。

第四章　高效农业科研团队建设：制度改革是基础

推动农业科技进步需要科研创新团队的健康发展和能力提升，而深化科研机构的制度改革是农业科研团队建设的基础。一是要规范科研创新团队建设和实施方案，通过设定创新团队建设计划、制定激励保障措施等加强创新团队的引进和培养。二是要深化科研院所制度改革，通过建立现代科研院所制度、完善法人治理结构、规范学术管理等保障创新团队的和谐管理和有序健康发展。

一、规范科研创新团队建设计划和实施方案

科研创新团队健康发展和创新能力的提升，对推动科技进步发挥着显著作用。农业现代化建设更需要农业科技的不断发展和进步，农业领域的创新团队建设计划已初见成效。

（一）海南自由贸易港人才工程和科技创新团队建设

中国热带农业科学院在海南设有海口、儋州、三亚（筹）3 个院区，共有 10 余个科研机构 3 000 余名科技专家，是隶属于农业农村部的国家级科研机构，齐力打造国家热带农业科学中心，服务海南自贸港建设。

2018 年习近平总书记“4 · 13”重要讲话和中央 12 号文件明确指出党中央支持在海南全岛建设中国（海南）自由贸易试验区（港），2020 年 6 月 1 日中共中央、国务院印发《海南自由贸易港建设总体方案》。站在历史的新起点，海南迎来了前所未有的腾飞机会。当前和今后一段时期，是海南全面深化改革开放和自由贸易港建设的关键时期，这就决定了海南比任何时期都更加需要引进和培养人才。

自 2018 年海南全岛建设自由贸易试验区以来，截至 2021 年 9 月底，海南省共引进人才 35. 8 万人，与“4 · 13”重要讲话前同比增长 916%。在税收政策上，对在海南自由贸易港工作的高端人才和紧缺人才，其个人所得税实际税负超过 15%的部分予以免征。在评价机制上，将高层次人才分为 A、B、C、D、E 共 5 个类别，以市场认可的薪酬税收水平为通用标准，以专业

共同体认可和社会认可的任职经历、工作业绩、荣誉称号等条件为行业标准，对人才进行精准分类评价。在境外人员职业资格考试和执业上，开放境外人员参加注册建筑师、执业药师等职业资格考试38项，单向认可境外职业资格219项，大力集聚境外优秀人才。在项目支持上，实施高层次人才引才计划、“南海系列”育才计划、“双百”人才团队建设工程等人才工程项目，其中对评选认定为“海南省优秀人才团队”的，给予1 000万~3 000万元建设资助。在人才落户上，经认定的高层次人才、高技能人才，“双一流”高校和海外留学归国本科毕业生等，可选择在海南省任一城镇（三沙市除外）申请落户。允许离校3年内的本科及以上学历的高校毕业生在海南省先落户后就业，相应享受引进人才落户待遇。在医疗保障上，对全职在海南工作的高层次人才，分别按照每人每年3 000~10 000元的标准统一购买商业健康团体保险，用于保障基本医疗保险之外的医疗需求。

接下来，海南还将完善适应海南自由贸易港建设发展的人才制度体系，包括支持海南建设高水平人才项目平台，设立“候鸟”人才工作站，在重点领域建设国家级专家服务基地，打造人才荟萃、技术创新高地；进一步扩大海南自由贸易港国际职业资格认可试点，编制发布自由贸易港急需紧缺人才目录；支持海南建立更加科学灵活的事业单位用人机制，在事业单位设置特设岗位以引进急需的高层次和高技能人才，探索完善与自由贸易港相适应、体现工作绩效和分级分类管理的事业单位工资分配政策。

2015年7月，海南省政府办公厅印发了《海南省引进科技创新团队实施办法》，科技创新团队可享受创业启动经费支持。其中，世界一流科技创新团队给予500万元资助，国际先进科技创新团队给予300万元资助，国内领先科技创新团队给予200万元资助。引进科技创新团队以“政府引导、市场主导、以用为本、优化配置”为基本原则，即政府侧重于政策引导和服务，充分发挥市场配置人才资源的基础性作用和科技创新团队及企业、高等院校、科研院所等用人单位的主体作用，促进产学研结合和各种资源优化配置。

海南省引进科技创新团队实施办法

第一章　总　则

第一条　为进一步完善人才发展机制，优化我省人才发展环境，吸引创新团队来海南创业发展，根据《国家中长期人才发展规划纲要（2010—

2020年）》《海南省中长期人才发展规划纲要（2010—2020年）》，制定本办法。

第二条　本办法所指科技创新团队，是指由团队带头人和若干名核心成员组成，以团队协作为基础，有明确目标任务，依托一定平台和项目，进行创新创造和新产品研发，对我省支柱产业、高新技术产业和战略性新兴产业发展有重大影响、带来重大经济效益和社会效益的人才群体。

第三条　引进科技创新团队的目标任务：到2020年，在生物医药、新能源、新材料、热带现代农业、海洋科学、电子信息、文化创意产业等领域，形成一批具有国际领先水平、能够明显提升我省自主创新核心竞争力的科技创新团队。

第四条　引进科技创新团队以“政府引导、市场主导、以用为本、优化配置”为基本原则，即政府侧重于政策引导和服务，充分发挥市场配置人才资源的基础性作用和科技创新团队及企业、高等院校、科研院所等用人单位的主体作用，促进产学研结合和各种资源优化配置。

第五条　省人力资源和社会保障厅会同省人才工作领导小组办公室、省科学技术厅负责海南省引进科技创新团队工作。

国土、建设、金融、外事、财政、地税、教育、公安、园区管委会等部门在各自职责范围内配合做好引进科技创新团队工作。

第二章　引进标准

第六条　科技创新团队分为世界一流科技创新团队、国际先进科技创新团队和国内领先科技创新团队三类。

世界一流科技创新团队：研究方向和项目目标属国际重大科技、重大应用研究问题前沿，研究成果在国际同行中处于领先地位和一流水平，具有明显的持续创新能力或创新成果转化能力。

国际先进科技创新团队：研究方向和项目目标属国内重大科技、重大应用研究问题前沿，研究成果在国际同行中处于先进水平，具有持续的创新能力或创新成果转化能力。

国内领先科技创新团队：研究方向和项目目标属国内科技、应用研究问题前沿，研究成果在国内同行中处于领先地位，具有一定的持续创新能力或创新成果转化能力。

科技创新团队具体评价办法另行制定。

第七条　引进的科技创新团队应当同时符合以下条件：

（一）具有突出的创新成果。从事高新技术产品研发及推广应用，拥有自主知识产权的发明专利，满足国家和海南发展建设的现实需求。

（二）具有合理的专业、年龄和梯队结构。创新团队成员不少于5人，带头人1名，核心成员3名；团队三分之一以上成员在海内外科研机构或省级以上重大项目稳定合作3年以上。

（三）具有科学的内部管理制度，成熟的技术引进和自主知识产权保护制度。

（四）具有良好的创新平台。一般以院士工作站、博士后科研工作站或省级以上重点学科、重点专业、重点实验室、工程研究中心、工程技术研究中心、企业技术中心或产学研合作平台等为依托，有健全的创新管理机制和激励机制。

第八条 科技创新团队带头人应当具有较高的学术和技术水平，具有较强的创新意识、组织协调能力和团队合作精神，同时应当具备以下条件之一：

（一）拥有国内外发明专利或曾获省部级以上科技进步奖或优秀科研成果奖；

（二）主持过海内外重点实验室工作；

（三）具有高级专业技术职称或曾在海外重点实验室、跨国公司担任高级研究员。

科技创新团队核心成员一般具有研究生以上学历、高级专业技术职称或高级技师资格，具有较强的科研和市场开发能力。

第九条 对带项目、带资金的科技创新团队及团队带头人，在实际申报评审过程中，可不受本办法第七条第二项、第七条第四项和第八条的限制，独立开展项目研发工作。其团队出资人代表1人可享受团队带头人优惠政策。

第三章 激励与保障

第十条 符合本办法规定的科技创新团队可享受3年政府激励政策，3年后经考核合格的可继续享受激励政策。

第十一条 科技创新团队享受创业启动经费支持。世界一流科技创新团队给予500万元（人民币，下同）资助；国际先进科技创新团队给予300万元资助；国内领先科技创新团队给予200万元资助。已享受相关优惠待遇的，按就高不就低的原则不重复享受。

第十二条　政府在园区或科技创新团队相对集中的地区统一建设人才公寓出租给科技创新团队带头人和核心成员，并允许其购买政策性住房。

第十三条　海外归来无专业技术职称的科技创新团队带头人和核心成员，可根据自身的专业技术水平直接申报相应的专业技术职称；已在国内其他省市取得专业技术职称的，可直接予以确认。

第十四条　科技创新团队带头人、核心成员和其他具有硕士以上学位或中级以上专业技术职称、高级技师资格的团队成员，由省人力资源和社会保障厅办理备案手续，确认其工作关系及计生证明，并按有关规定办理落户手续。

科技创新团队的带头人和核心成员，符合我省事业单位公开招聘有关规定的，可由省人力资源和社会保障厅办理入编手续。

第十五条　外籍的科技创新团队带头人和核心成员，经省人力资源和社会保障厅报人力资源和社会保障部同意后，符合《外国人在中国永久居留审批管理办法》规定的，由公安机关出入境管理部门积极协助其申办《外国人在中国永久居留证》（简称“绿卡”）；对于未获得“绿卡”的外籍科技创新团队带头人和核心成员及其配偶和未成年子女，可由公安机关出入境管理部门办理5年有效期的多次往返签证。

第十六条　科技创新团队带头人和核心成员子女入托、就学，可以选择当地的公办幼儿园或中小学就读，由当地教育部门协调办理入学手续；其子女参加中考、高考享受本省考生待遇。

第十七条　科技创新团队带头人和核心成员家属的就业问题由用人单位会同当地政府人力资源和社会保障部门妥善解决。

第十八条　科技创新团队所在单位为创新团队成员缴纳社会保险费。各级政府为科技创新团队带头人和核心成员购买意外险、高端商业医疗保险等商业补充保险。

第十九条　事业单位科技创新团队承担有价值的国家计划和项目，省人才资源开发专项资金给予适当补助。

第二十条　在琼高校、科研院所等事业单位工作人员在科技创新团队工作的，可以兼职或离岗参与团队科技项目的研发，3年内保留其原有身份和职称，档案工资正常晋升。

第二十一条　科技创新团队成员享受税收优惠政策按照国家有关人才的税收优惠政策执行。

第二十二条 科技创新团队可享受以下优先服务：

（一）优先推荐申报国家或省级科技项目；

（二）优先申报科研经费，优先申报工作设备采购，优先申报享受国务院政府特殊津贴人员、海南省有突出贡献的优秀专家、海南省高层次创新创业人才的评审等；

（三）优先推荐申报工程技术研发中心、博士后工作站、国家重点实验室；

（四）优先推荐入驻高新区或产业园区；

（五）优先扶持上市；

（六）优先推荐成果认定；

（七）优先享受我省有关人才引进方面的优惠政策和待遇；

（八）优先提供海外留学人才绿色通道服务；

（九）有项目、有资金，原始投资在 3 000 万元以上的科技创新团队，政府优先支持土地供应；

（十）有项目、无资金的科技创新团队，政府优先向国内、省内金融机构、风险投资公司推荐创新团队研究开发和科技成果转化项目。

第四章　申报和评审

第二十三条 科技创新团队申报评审工作采取自愿申报、单位推荐、专家评审、组织批准的方式进行。

第二十四条 科技创新团队申报评审工作每年进行一次。评审数量根据当年度申报情况确定。

第二十五条 申报评审科技创新团队应提交以下材料：

（一）《海南省引进科技创新团队申报表》；

（二）《海南省科技创新团队带头人申报表》；

（三）《海南省科技创新团队核心成员申报表》；

（四）申报团队所在单位的工商营业执照（或事业单位法人证书），团队成员的身份证明、职称证书、学历证书或学位证书；

（五）申报团队近 3 年的工作业绩；

（六）申报团队近期的发展规划和科研计划；

（七）其他相关的证明材料。

第二十六条 由省人力资源和社会保障厅会同省人才工作领导小组办公室、省科学技术厅负责科技创新团队的认定。在对拟引进科技创新团队的工作基础、学术水平、创新能力、研究方向、项目建设目标等方面进行审查并提出意见后，形成推荐名单报省人才工作领导小组审议。

第二十七条　省人才工作领导小组审议通过后，出具《海南省科技创新团队认定审批表》。各级政府及有关部门凭《海南省科技创新团队认定审批表》落实相关政策。

第五章　管理和考核

第二十八条　科技创新团队发表、出版与本办法资助有关的论文、著作、学术报告，以及申报成果奖励、专利等，均应标注"海南省引进科技创新团队计划资助"字样。

第二十九条　科技创新团队成员应与所在单位签订合同，每年在海南累计工作时间不少于6个月。

第三十条　省人力资源和社会保障厅会同省人才工作领导小组办公室、省科学技术厅，定期组织专家对科技创新团队的工作进展、成果业绩、团队建设、经费使用与投入、科研平台建设、单位配套服务等情况进行考核，合格的继续享受政策优惠，不合格的取消资格，团队及个人不再享受政策优惠。

团队在考核中有弄虚作假、营私舞弊行为的，视情节轻重给予通报批评、撤销项目资助、追缴项目资金和取消资格等处理。组织和参与评审的人员在评审过程中有弄虚作假、营私舞弊行为的，按有关规定予以处理。

第三十一条　引进创新团队经费，包括引进资助（含创业启动经费）、评审选拔、公告宣传等经费，从省人才资源开发专项资金中统筹安排，并按《海南省人才资源开发专项资金管理办法（试行）》（琼财社〔2009〕1773号）规定核拨，专款专用。

第六章　附　则

第三十二条　本办法由省人力资源和社会保障厅、省人才工作领导小组办公室负责解释。

第三十三条　本办法自发布之日起执行。

（二）中国热带农业科学院科技创新团队建设

农业科研院所的竞争，关键在于人才的竞争。中国热带农业科学院高度重视科研人才队伍建设，从打造科技创新团队、实施重大人才工程、高层次人才引培等方面，造就科技创新能力强大、学科方向优势突出、产业支撑作用明显的创新型人才队伍。

1. 打造院级创新团队

中国热带农业科学院于2017年启动实施了院级创新团队建设，目前已在种质资源收集、保存、评价和创新利用，产业可持续发展关键技术，产业提质增效关键技术，基础性长期性工作，基础前沿工作等5个创新领域，参照国家现代农业产业技术体系管理模式，分3批组建了由39名牵头专家、219名骨干专家、1 000多名团队成员组成的36支创新队伍，基本涵盖了全院科研一线人员。创新团队按照“凝练方向，发挥优势；突出重点，彰显特色；长期坚持，服务产业；统筹兼顾，规范管理”的原则，针对研究方向不聚焦、研究内容交叉重复等问题，将同领域科技创新力量进行有效整合，并通过基本科研业务费进行稳定支持。

启动实施院级创新团队建设的2017—2020年，院级创新团队建设总体取得了较好成效。通过创新团队任务牵引，团队专家牵头获批千万元以上的重大科技项目9项，其他竞争性科研项目178项，总经费2.05亿元；研发关键技术40余项，科技产品132个，出版著作43部，发表科技论文560篇，其中SCI收录166篇，全院影响因子最高的4篇论文均出自团队；以第一完成人获得省部级科技奖励18项。创新团队培养5名科学家入选国家产业技术体系专家，其中岗位专家2名，综合试验站站长3名；培养14名专家入选海南省“南海名家”，28名入选“南海名家青年项目”。创新团队不仅培养了一批创新能力强、协同协作好的青年科研骨干，对热带农业学科发展、产业转型升级也起到了积极推进作用。

2. 实施重大人才工程

中国热带农业科学院作为国家级农业科研机构，高标准实施国家、省部重大人才工程，积极建设热带农业人才中心。

一是国家持续高标准实施海外高层次人才引进计划和高层次人才特殊支持计划等重大人才引培工程；中国科协组织开展中国青年科学家奖以及未来女科学家计划等人才奖励。

二是部委重点打造高层次人才后备力量，科技部实施创新人才推进计划，着力培养中青年科技创新领军人才，打造重点领域创新团队；人力资源和社会保障部组织实施“专业技术人才知识更新工程”和博士后创新人才支持计划和国际交流计划，培养造就更多具有国际竞争力的青年科技人才后备军；农业农村部实施“神农英才”计划，打造一流农业科技领军队伍。

三是地方政府推出各具特色的人才政策。海南实施“百万人才进海南”行动计划，重点打造海南省“高层次人才专项”“南海系列”人才引培品牌工程，评选“双百”人才团队，制定了自贸港高层次人才分类标准。

中国热带农业科学院高度重视人才工作，组建了人才工作领导小组，由院党组书记担任组长，还专门成立了人才工作处，积极探索实施人才工作的创新项目。

一是为发挥高端人才在人才培养、项目咨询、团队建设等方面的战略引领作用，中国热带农业科学院自身持续推进“十百千科技工程”“十百千人才工程”，建设具有竞争实力和解决热带农业“卡脖子”关键技术难题的创新团队。

二是启动“战略科学家储备行动”，围绕《打好“科研出国家级成果、出战略科技力量”翻身仗3年行动方案》有关要求，院里准备成立热带农业领域战略科学家储备工作专班，计划引进战略科学家2名，培养具有增选院士实力的高层次人才3名。

三是开展“科技领军人才集聚行动”，对标国家级人才计划、“神农英才”计划和海南省ABC类高层次人才标准，充分利用自贸港开放性国际化引才引智平台，全院要引进培养科技领军人才30名以上。同时，全院各单位要围绕新兴交叉学科发展打造好创新团队，特别是在天然橡胶、木薯、香蕉、香辛饮料、农产品加工等关键核心技术领域要打造一批国家级创新团队。

四是实施院“优青计划”。计划用5年时间，在全院选拔培养50名左右40岁以下具有领军人才潜质的优秀青年科技人才，通过全方位培养，打造出一支有冲劲、有潜力、有未来竞争优势的战略突击队。

3. 加大高层次人才引培力度

为打好“科研出国家级成果、出战略科技力量”翻身仗，延揽高端人才，为高效科研创新团队引进和培养领军人才与青年科技骨干，中国热带农业科学院根据院工作部署，结合重点创新领域、学科建设和人才培养等需求，聚焦热带农业重要领域创新目标和核心任务，制定了高层次人才引培管理办法和分类标准，为科研创新团队建设和人才队伍建设提出了明确的操作规范和制度保障。

一是管理原则。坚持人才优先理念，坚持按需设岗、按岗聘用、协议管理、目标考核、动态调整，通过全职引进、柔性引进和自主培养的方式，充实“十百千人才工程”，补充高精尖缺人才。根据分级分类管理原则，高层次人才引进培养工作在院党组统一领导下，院人事处作为业务归口管理部门，负责指导和监督院属二级单位高层次人才引进培养工作；院属二级单位作为高层次人才引进培养的责任主体和执行主体，落实高层次人才的岗位任务、工作条件、创新平台和待遇保障等。

二是引进程序及要求。引进高层次人才原则上不超过相应年龄上限，其中A类人才70周岁，B、C类人才55周岁，D类人才50周岁，E类人才45周岁。高层次人才引进可不实行公开招聘，按下列程序进行。

（1）提出需求。用人单位提出高层次人才引进需求，明确人才引进岗位的任职条件、工作目标和工作待遇等，通过院网、相关媒体和渠道对外发布人才需求信息。

（2）报名和资格审查。申报人填写《高层次人才申报书》，并附相关业绩证明材料。用人单位人事部门会同科技部门、学术委员会对其申报材料进行审核，并提请本单位学术委员会组织面试及评议。

（3）面试及评议。用人单位学术委员会组织专家对申报人进行面试，评议专家不少于9人（要求具有正高级职称），根据申报人的学术水平、业务能力出具考察意见。针对现行高层次人才分类参考标准未涵盖的申报人，还需提出推荐认定高层次人才类别的建议。

（4）人选确定。用人单位领导班子集体研究，确定人选及高层次人才类别。用人单位将《高层次人才申报书》及符合高层次人才类别的证明材料报院人事处。

（5）审核。院人事处会同院学术委员会对申报证明材料进行审核；将现行高层次人才分类参考标准未涵盖的A、B类申报人提请院学术委员会评议。

（6）审批。院人事处综合申报人选情况，按“一事一议”原则报院审批。

（7）公示。用人单位对审批同意的引进人才进行公示，不少于5个工作日。

（8）聘用。与高层次人才签订工作协议，并按院有关规定开展岗位聘用。

三是认定程序及要求。院内在编在岗人员，符合A、B类条件的，经个人申请、院人事处会同院学术委员会审核后报院认定；符合C、D、E类条件的，经个人申请、所在单位（或专业技术工作主要依托单位）审核评议后发文认定。现行高层次人才分类参考标准未涵盖的优秀人才，可参照引进人才经相应的学术委员会评议按程序认定。A、B类人才（含引进）认定有效期原则上不超过10年，C、D、E类人才（含引进）认定有效期原则上不超过5年，期满后需重新认定。在有效期内，方可签订高层次人才工作协议。

高层次人才工作协议由用人单位（专业技术工作主要依托单位）和个人签订，协议内容应明确细化具体岗位及职责、工作目标及任务、考评指标及相关待遇等。工作目标及任务应分为总体目标和年度目标，考评指标应可量化或可阶段性进展评价。其中A、B类人才由院、用人单位（专业技术工作主要依托单位）和个人三方签订。签订高层次人才工作协议后，高层次人才方可在协议期间享受相应类别人才待遇与培养支持。

四是人才待遇与培养支持。

（1）A类高层次人才的岗位待遇和培养支持。特岗绩效不低于150万元/年，由院承担；根据国家、海南省及属地有关规定，按最高标准享受工资待遇；享受属地或院人才住房政策；根据工作需要，可提供不低于1 000万元的科研启动费，由院分2次统筹安排；配备科研助手、行政秘书，支持组建创新团队，原有团队中核心成员一并引进的，享受院同类人员同等待遇；用人单位提供科研平台，配备不少于200米^{2}的实验室及办公场所，提供科研仪器设施设备和办公条件；配偶可随调安排工作。

（2）B类高层次人才的岗位待遇和培养支持。纳入中国热带农业科学院“十百千人才工程”十人计划；特岗绩效不低于60万元/年，由院和用人单位各承担50%；首个聘期享受专业技术二级岗工资待遇；享受属地或院人才住房政策；根据个人需要，可提供不低于500万元的科研启动费，首聘期（5年）由院分批次统筹安排；配备科研助手，支持组建创新团队，原有团队中核心成员一并引进的，享受院内同等人员相同待遇；用人单位提供科研平台，配备不少于100米^{2}的实验室及办公场所，提供科研仪器设施设备和办公条件；配偶可随调安排工作。

（3）C、D、E类人才的岗位待遇和培养支持。由院属二级单位根据实际自行制定，其中C、D类人才纳入中国热带农业科学院“十百千人才工程”百人计划。C类人才中属“四青”计划的，可由用人单位向院申请“一事一议”提供特岗绩效。

根据国家、农业农村部及海南、广东、云南、广西等热区人才政策，积极推荐中国热带农业科学院高层次人才申报省部级以上各类高层次人才、“候鸟型人才”认定或高层次人才资助，积极争取享受属地相关人才优惠政策，可与院所制定的岗位待遇和培养支持同时享受。其中，享受人才政策住房应符合国家、属地有关管理规定。符合高层次人才分类中两个或两个以上类别的人才，以最高类别进行认定并享受最高类别的岗位待遇，不得同时享受两个或两个以上类别的岗位待遇。院统筹管理全院改革启动费和院基本科研业务费，适量用于引进和培养高层次人才。

五是人才考核评价。

(1) 加强岗位聘用管理。其中，引进的 B 类人才在首个聘期后应再次聘岗，C、D、E 类人才聘岗，均按院岗位管理有关规定执行。C、D、E 类人才首次聘岗前参照同类人员享受待遇。

(2) 加强工作任务考核管理。用人单位按照高层次人才工作协议签订的总体目标和年度目标组织考核，其中 A、B 类人才考核结果报院科技处、院人事处备案。未完成年度目标任务的高层次人才暂停发放特岗绩效，直至完成且下年度考核合格后一次性补发。未完成总体目标任务的高层次人才，应根据协议返还相应待遇，且两年内不再续签或新签高层次人才工作协议。

(3) 加强学术诚信管理。凡发现违反学术道德、学术诚信，伪造认定或考核材料的个人，一律取消中国热带农业科学院高层次人才和“十百千人才工程”人选资格，5 年内不得再次申请高层次人才认定，并要求返还已享受的待遇。

六是其他。中国热带农业科学院“十百千人才工程”等遴选对象为 E 类高层次人才、高级职称人员、优秀博士、各类项目负责人等。具体遴选工作由院属二级单位每年自行开展，并将遴选结果报院人事处。

二、深化科研院所制度改革

如果只拥有大量杰出的科技人才，缺乏良好的组织管理，那么科研团队仍是一盘散沙。只有因势利导，建立和谐的管理制度和现代科研院所制度，才能扬长避短，使创新团队建设健康有序推进。比如，在学术管理中追求以团队共同目标为导向，追求创新团队与外部环境相适应、内部各种资源相互匹配、团队成员认识与团队发展相一致；在课题选择、经费使用、人员配置和奖励制度等方面，充分赋予科研院所自主权，能根据迅速变化的科技发展形势和国际竞争形势的变化，灵活配置科研团队资源。而建立职责明确、评价科学、开放有序、管理规范的现代科研院所制度，就要规范制定科研事业单位章程。章程是科研事业单位管理运行、开展科研活动的基本准则。下面以中国热带农业科学院××研究所为例，看其如何制定章程，建立职责明确、评价科学、开放有序、管理规范的现代科研院所制度。

中国热带农业科学院××研究所章程

中国热带农业科学院××研究所（以下简称“××所”或“所”）创建于1979年，前身为华南热带作物科学研究院××试验站，1993年更名为××所至今，是我国唯一以热带油料作物为主要研究对象的社会公益性科研机构，主要开展椰子、油棕、油茶等热带油料和槟榔、椰枣等热带经济棕榈植物的科技创新、成果转化和产业服务工作，在我国同类科研机构中具有鲜明的特色。

第一章　总则

第一条　目的。为了明确××所的性质、宗旨、任务、组织结构，确定××所体制与运行机制，保障××所科学管理、高效运行，实现建设高水平研究所的目标，特制定《中国热带农业科学院××研究所章程》（以下简称《章程》）。

第二条　名称和住所。本所名称为：中国热带农业科学院××研究所，英文译名为：××，简称××。住所地为××。

第三条　性质。××所隶属于农业农村部，为中国热带农业科学院（以下简称“中国热带农业科学院”或“院”）下属研究所之一，其性质为事业单位。经费主要来源于财政补助收入，登记管理机关为国家事业单位管理局。

第二章　宗旨与发展定位

第四条　宗旨。开展热带油料作物和热带经济棕榈植物种质资源学、遗传多样性、育种学、栽培学研究以及病虫害综合防治技术、产品综合加工技术研究，做好技术集成、示范与推广和人才培养，服务热区农业经济社会发展，服务国家食用油供给安全战略和国家“一带一路”倡议。

第五条　发展定位。建设世界一流热带油料科技创新中心，支撑我国食用油自给率提升百分之八。

第三章　业务范围与主要任务

第六条　业务范围。

1. 开展热带木本油料作物和热带经济棕榈植物研究，促进农业科技发展。

2. 开展热带木本油料作物和热带经济棕榈植物种质资源学、遗传多样性、育种学、栽培学研究。

3. 开展热带木本油料作物和热带经济棕榈植物病虫害综合防治技术研究。

4. 开展热带木本油料作物和热带经济棕榈植物产品加工技术研究。

5. 开展热带木本油料作物和热带经济棕榈植物相关标准与检测技术方法研究拟定。

6. 开展热带木本油料作物和热带经济棕榈植物相关技术开发与专业培训。

第七条　主要任务。

1. 承担国家、省部级科研任务，开展课题研究。

2. 开展与课题相关的专业前沿领域的理论研究。

3. 开展与课题相关的技术应用研究。

4. 培养相关专业领域的高水平研究人员。

5. 开展国内外学术交流。

6. 服务“三农”工作。

第四章　工作人员权利和义务

第八条　工作人员的权利。

1. 聘期内，享有履行职责所需的物质技术条件、工作条件和劳动安全卫生防护措施。

2. 执行国家有关职工工作时间和工休假日等规定。

3. 参加单位提供的职业道德、专业技术、科技服务、安全生产和规章制度等方面的培训。

4. 按聘任岗位和所在单位考核结果、工作业绩和贡献大小，获取相应的工资福利和社会保险待遇。

5. 聘期内，通过努力符合职称评审条件的，可以参加单位职称评审。

6. 参加单位组织的课题申报及成果评审。用所在单位名称发表论文及报奖。

7. 聘期届满，与用人单位协商一致，可以按照规定的程序、条件续签或解除聘用合同。

第九条 工作人员的义务。

1. 自觉遵守国家有关法规，遵守院所规章制度，维护所的良好形象。

2. 认真履行聘任合同载明的岗位职责，积极参与、配合所开展各项科研工作，完成担负的科研任务。

3. 根据要求及时为所提供有关学术论文、调查报告或管理经验总结。

4. 积极参与、配合所开展各类学术活动。

5. 对所的工作提出建议或批评。

6. 对所开展的各项工作给予支持、帮助。

7. 积极维护所及学术委员会的品牌和声誉。

第五章 组织机构与管理体制

第十条 法定代表人的产生程序。××所法定代表人通过公开竞争上岗产生，由中国热带农业科学院任免。

第十一条 ××所实行所长负责制，所长主持所的全面工作，对中国热带农业科学院负责。副所长协助所长，按分工负责处理分管工作；受所长委托，负责其他方面的工作或专项任务，并可代表所进行外事活动；工作中的重要情况和重大事项，要及时向所长报告，对于带有全局性的问题，要认真调查研究，向所长提出解决问题的建议；涉及其他所领导分管的工作，应同有关所领导协商。

××所设所长一名，副所长若干名，下设若干办公室和研究室。办公室主任通过公开竞争上岗产生，报院机关备案后由本单位行文任免；研究室主任通过公开竞争上岗产生，由本单位行文任免。

所长根据工作需要，授权其他所领导分管、协管有关工作，或组织专门领导小组、委员会管理有关工作。

第十二条 中共中国热带农业科学院××研究所委员会（以下简称“所党委”）是在中国热带农业科学院党组、××市委共同领导下设立的党组织，是贯彻执行党的路线、方针、政策和决定的主体，在全所发挥领导核心作用。各党支部是党组织开展工作的基本单元，是党的全部工作和战斗力的基础，是团结群众的核心、教育党员的学校、攻坚克难的堡垒，在所党委的领导下开展工作。所党委设书记一名，副书记若干名。根据党员人数，下设相应的党支部。党支部支委成员由党支部选举产生。

所党委书记主持党的全面工作。党委副书记协助书记主持所党委日常工作。

书记根据工作需要，授权其他党委委员分管、协管有关工作，或组织专门领导小组、委员会管理有关工作。

第十三条 ××所实行党政联席会议、所务会议、党委会议、领导办公会议制度。

所务会为行政工作的最高决策机构，党委会为党务工作的最高决策机构。

所长办公会为日常行政工作及过程领导管理的决策机构，书记办公会为日常党务工作及过程领导管理的决策机构。

涉及重大问题决策、重要干部任免、重大项目投资决策、大额资金使用等事项须召开党政联席会讨论决定。

第十四条 党政联席会议根据需要不定期召开。所务会议每月召开一次。因特殊情况经所长提议或其他所领导提议，可召开临时所务会议。党委会议和领导办公会议根据工作需要不定期召开。

第十五条 所务会议由所务委员参加，有关部门人员列席，所务委员由现职所领导及相关管理部门负责人组成，由综合办公室负责记录整理会议纪要。所务会议由所长召集和主持，所长因特殊原因不能与会时，由所长指定的副所长或者其他所领导召集和主持，在充分发扬民主的基础上由所长决策。

第十六条 党委会议由党委委员参加，有关部门人员列席，党委委员由现职所领导及相关管理部门负责人组成，由党委办公室负责记录整理会议纪要。党委会议由书记召集和主持，书记因特殊原因不能与会时，由书记指定的副书记或者其他党委委员召集和主持，在充分发扬民主的基础上，按照少数服从多数的原则进行决策。

第十七条 实行纪律检查委员会监督检查工作机制，对中央八项规定落实、领导干部作风、公务接待、廉政建设、会议管理、因公外出、建设项目、信息公开、重点工作、重点岗位、工作纪律、内控制度、政策落实、整改落实等情况开展监督检查。

第六章 法定代表人变更和主要负责人任免

第十八条 法定代表人的变更程序。自出现依法应当申请变更登记的情况之日起30个工作日内，向登记管理机关提出申请。

第十九条　主要负责人的任免程序。

1. 任职。在符合中国热带农业科学院《领导干部选拔任用工作规定》的基本条件、基本资格情况下，由中国热带农业科学院通过动议、民主推荐、考察、讨论决定、任职等五个程序任职。

2. 免职。有下列情形之一的，一般应当免去现职：

（1）达到退休年龄界限或任职年龄界限的；

（2）实行聘任制，任期届满不再续聘的；

（3）年度考核、任期考核被确定为不合格，或者连续两年年度考核被确定为基本合格的；

（4）受到责任追究或纪律处分应当免职的；

（5）根据领导干部能上能下有关规定，被认定为不适宜担任现职的；

（6）辞职或者调出的；

（7）非组织选派，离职学习期限超过一年的；

（8）因工作需要或者其他原因，应当免去现职的。

第七章　专项工作委员会

第二十条　学术委员会。

××所学术委员会是由所内外具有较高学术造诣的专家代表组成，负责所学术管理的学术审议、评议和咨询的机构。所学术委员会设主任1名，副主任2~3名。主任可由符合所学术委员会任职条件的所行政一把手（所长或法人代表）兼任，副主任由主任提名并经所学术委员会全体委员选举产生。所学术委员会职责：

1. 负责我所选聘人才和推荐人才的学术评价工作。

2. 根据院的规定，初评推荐确定我所高级专业技术职务拟任人选。

3. 负责组织学术交流活动。

4. 评审推荐我所申报的各类科研项目和成果奖励。

5. 听取并审议所长关于所学术工作的年度报告，审议所科技发展规划、学科建设、农业产业技术体系、人才队伍建设、科技平台、科技创新体系建设等。

6. 负责我所学术规范和学术道德建设的有关工作。

7. 接受院学术委员会和院专业学术委员会对所学术工作的管理。

8. 负责提交我所年度学术工作总结。

9. 负责完成院学术委员会和院专业学术委员会委托的其他学术工作。

第二十一条 职称评审委员会。

××所职称评审委员会是负责中级职称及初级职称的评审和高级职称的审核评价、推荐工作的机构。设主任委员1名，由学术委员会主任担任；委员9~15人，要求具备副高及以上专业技术职务资格，其中院外专家需达三分之一，名单报院人事处备案。

第二十二条 岗位设置聘用委员会。

××所岗位设置聘用委员会是所岗位设置、聘用、考核、评价的机构，分为管理岗位设置与聘用委员会、专业技术岗位设置与聘用委员会、工勤岗位的设置与聘用委员会。

第八章 职工代表大会

第二十三条 职工代表大会是××所实行民主管理的主要形式，是促进党群干群之间团结协助的重要措施，是科学管理体制中职责权相统一的责任制。职工代表大会每年召开一次，使全体职工都能参与所的管理，保障职工的民主权利。加强党委对职工代表大会的领导，职工通过职工代表大会，对所重大问题进行讨论，对科研、管理工作提出意见和建议，对涉及职工切身利益的问题作出决定，监督评议各级管理人员。

第二十四条 职工代表大会的职责。

1. 宣传党的群众路线和依靠职工群众办好所的方针、政策，宣传职工代表大会的性质、作用、任务。

2. 做好职工代表的管理，正确行使民主权利。

3. 制定单位的《职工代表大会实施细则》和工作制度，会同行政落实职工代表大会的各项职权。

4. 负责职工代表大会的组织工作及职工代表大会的筹备工作。

5. 传达职工代表大会精神，发动和组织职工贯彻执行大会决议并组织专门工作小组和职工代表检查大会决议、提案落实情况。

6. 组织做好职工培训工作，提高代表参政议政的能力。

7. 受理职工代表提出的申诉、控告，听取职工群众对单位各项工作的建议。

8. 建立和完善职工代表大会的文书档案工作。

9. 接受上级工会业务部门的业务指导。

第二十五条 职工代表的组成。

1. 职工代表的组成应当以一线职工为主体，中、高层管理人员不超过 20%。

2. 女职工代表比例一般与本单位女职工人数所占比例相适应。

3. 科研事业单位，职工代表应当以直接从事专业技术工作的人员为主体。

第二十六条　职工代表的产生机制。

1. 职工代表由职工民主选举产生，实行常任制，可以连选连任，任期与职工代表大会届期相同。

2. 选举职工代表应由全体职工三分之二以上参加，候选人获得全体职工半数以上赞成票方可当选，选举结果应当公布。

第二十七条　职工代表大会的议事程序。

1. 会期：职代会每届三年，职工代表任期三年。每半年召开一次职代会，每次大会必须有三分之二以上的职工代表出席。

2. 会议：召开会议需报所党委批准，同时报上级工会备案。

第九章　人事管理与分配制度

第二十八条　岗位管理。应按规定程序确定岗位设置方案，严格岗位任职条件与职责，管理人员、专业技术人员、工勤技能人员分别纳入相应岗位管理，依照院相关岗位管理规定执行。

第二十九条　用人制度实行岗位聘任、项目聘用与流动人员相结合的用人制度，新进人员，面向社会公开招聘，择优录用。职工分为正式职工和编制外员工两类。

第三十条　按照事业单位进行管理，正式职工工资实行“基础工资+岗位工资+绩效工资”的三元工资制，工作人员享受国家规定的养老、医疗、失业、工伤和生育五项保障，正式职工享受住房公积金。

第三十一条　考核和奖惩。依据所《绩效工资实施办法》《量化考核管理办法》《在职职工培训学习管理办法》《在编人员调出及其他人员离所暂行规定》等制度，进行考核和奖惩。每年按照管理、专技、工勤三类岗位核批优秀比例，通过个人述职、民主测评等程序进行考核，将考核结果与岗位聘任、解聘、工资级别晋升、奖罚挂钩，个人奖励性绩效工资按照考核等次兑现。对办公室、研究室、附属机构通过任务目标考核评定考核等次，进行奖惩。

第十章　财务与资产管理

第三十二条　经费来源。主要来自上级部门的事业经费，申请的国际合作项目经费，以及科技部、农业农村部、海南省及中国热带农业科学院项目经费，争取的横向合作项目经费，以及生产经营收入。

第三十三条 预算管理。财务部门组织各办公室、研究室、附属机构编制各项收支综合计划，包括：一般收入预算、一般支出预算、政府采购预算等。预算应当自求收支平衡，不得编制赤字预算。

第三十四条 财务管理。严格按照财务制度执行，使各项经济活动有法可依，有章可循，为科技创新及各项事业发展提供经济保障。法定代表人对本机构会计工作和会计资料的真实性、完整性负责。

第三十五条 资产管理。严格按照国家、农业农村部及中国热带农业科学院规定进行资产管理，防止资产流失，指定专人负责管理资产。所务会是所国有资产配置、处置，以及对外投资、出租出借等事项的决策机构；财务部门为国有资产监督管理的职能部门，对各办公室、研究室、附属机构占有和使用的国有资产实施综合监督管理；其他办公室、研究室、附属机构是国有资产管理的具体主体，对国有资产使用和管理负直接责任。

第三十六条 资产配置、处置，以及对外投资、出租出借等事项，应严格履行申报、审批程序，其中土地资产、房产事项的申报要求及审批规程应按农业农村部土地、房产管理等规定执行。

第三十七条 依法接受审计机关审计监督和税务稽查。对所财务制度建设、财务管理状况、资金使用效益、经济运行效率和法定代表人任期经济责任等方面实行上级部门审计与内部监督相结合。

第十一章 科研管理制度

第三十八条 项目申报管理。

1. 科研项目由科研管理部门根据有关部门的通知与要求组织各研究室申报。

2. 项目申报流程。申报计划下达→申请人组织申报材料→研究室主任审核→科研管理部门审核备案→所领导审批→所学术委员会（所长办公会）审定→上报。

第三十九条 科技项目管理。

1. 项目负责人负责该项目计划的实施和经费的安排使用。

2. 综合性项目立项后，由所领导或主持人根据项目的研究内容，分解为若干子课题后，在所内外招标，中标人作为子课题组负责人，并与项目主持人签订子课题二级任务书（合同）。

第四十条 科技人员管理。科技人员分为专职科技人员和兼职科技人员两类，实行岗位责任制，并按量化指标进行考核。科研岗位人员奖励按院有关规定和所制定科研管理办法执行。

第四十一条 科技成果管理。科技成果管理包括科技成果鉴定、科技成果上报登记和科技成果奖励三部分组成。严格按照院科技成果管理规定和所《科技管理办法》执行。

第四十二条 科技保密管理。科技保密工作紧密结合科学研究的管理工作同步进行。由所成立所保密委员会指导全所的科技保密工作，各研究室保密工作由各研究室主任担任保密负责人，各级领导干部和科技骨干须以身作则，带头做好保密工作。

第四十三条 学术交流。鼓励多种形式的国际国内学术交流与合作。支持联合研究、客座研究、联合培养研究生等多种途径的国际国内合作与交流，提高研究所的学术水平和国际国内知名度。

第四十四条 知识产权管理。

1. 知识产权管理严格依据国家有关法律、法规和院有关规定及所《科研管理办法》进行管理。科研管理办公室是知识产权管理的职能部门。

2. 专利申请由项目负责人提出建议，经相关专家按规定评审后报分管科研所领导审定后上报，专利申请费和维持费从科研经费中支出，专利权属归于本单位所有。

3. 专利使用、转让、入股的办法由所长根据国家有关法律、法规和中国热带农业科学院及研究所相关规定制定具体办法，经所务会议批准，报院机关备案后进行。

第十二章 章程的修改程序

第四十五条 对本章程的修改，须所务会审议并经职工代表大会讨论通过。

第四十六条 修改过的章程，须在职工代表大会通过后15日内，送交中国热带农业科学院审查同意，并报登记管理机关核准。

第十三章 终止程序和终止后资产的处理办法

第四十七条 由于分立、合并等原因需要注销××所，由所务会提出终止建议。

第四十八条 ××所终止建议需经所职工代表大会表决通过，并报上级主管部门审查同意，并向登记管理机关申请办理注销手续。

第四十九条　××所终止前，须在上级主管部门及有关机关指导下成立清算组织，清理债权债务，处理善后事宜。清算期间，不开展清算以外的活动。

第五十条　××所终止后的剩余财产，在上级主管部门和登记管理机关监督下，按照国家有关规定，用于发展与本单位宗旨相关的事业。

第十四章　附则

第五十一条　本章程如有与国家法律法规相抵触之处，按国家有关法律法规执行并按程序及时修改。制定的各项规定和管理制度与本章程相抵触的，以本章程为准，并根据本章程修订。

第五十二条　中国热带农业科学院如对本所做出变更或终止的决定，依法向登记管理机关申请办理变更或注销登记手续。

第五十三条　本章程经所务会议审议通过后，报中国热带农业科学院审查同意后再报登记管理机关核准后生效。本章程核准后十五日内报中国热带农业科学院备案。

第五十四条　本章程自发布之日起实施，解释权和修改权属所务会。

第五章　高效农业科研团队建设：人才引培是抓手

一、基础理论

（一）胜任力

农业科技人才的胜任力很大程度上决定了高效农业科研团队的效率，影响农业发展的质量和效率。研究新时期高效农业科研团队的人才素质特征，构建胜任力模型，能为科技人才的培养提供参考依据。

1. 胜任力定义

Mc Clelland 最早提出了“胜任力”概念，认为胜任力是能显著区分工作绩效优秀者和普通者、能被可靠测量或计数的表层和内在的个体潜在特征，并进一步指出智力因素不是判断个人业绩优秀与否的唯一指标，个体具备的动机、特质、自我认知、技能等，即胜任力才是决定工作绩效好坏的关键指标。

Mc Clelland 提出素质冰山理论，他认为素质有知识、技能、社会角色、自我形象、个性特点、动机 6 个部分。在这个素质冰山模型上，知识和技能在冰山顶部，比较容易被发现和测量。水平线下的素质，尽管它们难于被发现，但却对表面的行为有很大的直接影响。素质的冰山模型说明了素质是如何潜在地作用于人的行为，并最终影响与预示着人的绩效。

Spencer 提出的胜任力“冰山模型”，把胜任力特征描述为表层特征（冰山在海平面上的特征，包括知识、技能、行为和经验等）和深层特征（冰山在海平面下的特征，包括态度、价值观、人格特质和内驱力、自我概念、社会角色等）。

Boyatzis 提出的“素质洋葱模型”，把胜任力结构比喻为从内（最难习得的动机和特质）到中（相对稳定的社会角色、自我形象和价值观等）向外（最易习得的知识和技能）层层包裹的“洋葱”。

2. 胜任素质模型

胜任素质模型就是为了完成某项工作，达到某一绩效目标，要求任职者具备的一系列不同素质的组合。在特定时期设计的，能反映组织对员工的要求，核心目的是促进人岗最佳匹配。不同组织所处的行业、组织结构不同，对员工素质要求不可能相同。即使同一个组织，处在不同的发展阶段，它的素质模型也会发生变化。

高效农业科研团队的建设，通过系统化的人才管理机制，制订各级人才继任计划，设计基于职位胜任力的多层次、多方位的人才梯队发展体系，形成人力资源的“活源泉”，达到不间断的人才继任目标，从而加强高效农业团队的梯队建设，保证组织持续运转。

（二）领导力

领导者在团队建设中扮演了 3 种角色。一是导演角色，在团队建设中不仅要为下属搭建一个施展才华的舞台，也要实时督促和指导员工按照自己指明的方向前进；二是教练角色，团队领导者就像一位教练，他不是为被教练者解决具体问题，而是利用教练技术反映学员的状态，让被教练者主动察觉自己的状态和理清自己的目标；三是掌舵者角色，一个团队的一路行程就像一艘大船行驶在茫茫大海，面对不可预知的挑战和苦难时，需要一位具有远见卓识的领头人，指引这个团队闯过难关。

可见，领导者在团队建设中的地位举足轻重。团队建设的一个关键问题就是通过如何正确地发挥领导者的作用来最终实现单位的发展。

1. 领导力定义

所谓领导力，是领导者凭借其个人素质的综合作用在一定条件下对特定个人或组织所产生的人格凝聚力和感召力，是保持组织成长和可持续发展的重要驱动力。美国的领导学权威、著名演说家约翰·麦斯威尔将领导力的水平从低到高分成 5 个层次，这 5 个层次的进阶过程实际上也是一个人的修炼过程。

（1）领导力的第一个层次：职位。当你进入这个层次时，你开始踏上了培养领导力的进程！80%的人都认为职位是体现领导力的最高表现，你的职位越高则你的领导力越高。其实这只是领导力的开始，因为在这个阶段人们靠的是用权力去领导他人。人们之所以跟随你，是因为他们不得不听从你，你的领导力是被授权的，被别人赋予的。

如果一个领导者只能用权力去指挥调度他人，整个团队往往会士气低落，效率低下。团队成员只会做自己该做的事情而不会付出额外的努力。领导者无法发挥出团队真正的潜力。如果你长期待在这个层次你会开始慢慢习惯使用权力去让别人屈服。

但每个希望成为出色领导者的人都必须从这一个层次开始。当然要达到这一个层次，你也必须要有一些出色的个人能力与经验，毕竟你要有足够的能力从一群人中脱颖而出，最终被委派在一个领导者的职位上。

（2）领导力的第二个层次：认同。人们之所以跟随你，是因为他们认同你！

关系是这个层次的关键词。当你要从第一个层次进入第二个层次的时候，你要学习如何与团队建立良好的关系，如何真正发自内心地去关心他人。当进入这个层次，你才开始走向真正的领导者。往往这时候你要负担起建立良好人际关系的压力！你将肩负更多的责任，你要对你的团队负责任！因为你的团队不再因为职位而跟随你。他们跟随你是因为你这个人本身。

当然，如果你真正在这个层次做得好的时候，你得到的回报也是丰厚的。你的团队会更加团结，有更高的生产力。每个人都更加热爱自己所做的事情！团队的工作效率会是第一个层次的几倍。

（3）领导力的第三个层次：生产。所谓生产，在这个层次，人们跟随你是因为你能做出成绩来！产生效益！如果不好理解，可以读读原文“Produce, when you produce you will succeed, when you succeed people will follow.”。

你不要求别人做什么，而是在不断地要求自己去做什么，通过不断实践让自己成功，你的跟随者会络绎不绝。人们只希望跟随成功者，人们只希望进入到行业龙头的公司里去！当你不断地做出成绩的时候，你不用去宣传自然会有人要跟随你。当你故步自封犹豫徘徊的时候，人们不会来找你，更惨的是那些跟随你的人也会一个个离开。

（4）领导力的第四个层次：立人。人们跟随你，是因为你能培养他们成为想成为的人！

如果你是一个很好的第三层次领导者并开始建立信誉度和品牌，但你还只是在一个人做。这个阶段有生产力，但生产力还是很低下。所以你需要开始学习如何培养他人，从而进入第四个层次。把自己会的东西传授给他人，让他人也可以做和你同样的事情，这样你就可以倍增你的生产力。

要进入这个阶段的前提是，你必须做好第三个层次。很多人希望教别人怎么做，但自己却没有做到，这时候就会碰到一个信誉的问题。第四阶段是生产力最高的阶段，你的团队开始有各种各样优秀的人才，这些人才和你团结在一起，每个人都发挥出自己的潜能，每个人在你的带领下都在不断成长。与此同时他们也在培养他们的属下，建立起同样的团队文化与行为习惯。所有的一切都是因为你在第三个阶段设立了一个好榜样！在第四个阶段你要无私地培养他们。

（5）领导力的第五个层次：巅峰。人们跟随你，是因为人们敬仰你的所作所为！

当你把第三个和第四个层次要做的事情做得够久的时候，你会赢得更多信誉，你和你的团队会影响并培养出更多的人才。那么你将会自动来到第五个层次。

2. 科研团队领导力

科研团队领导力是科研团队领导者在特定的情境中吸引和影响科技人员与利益相关者以持续获得团队竞争优势并实现团队领导绩效的综合能力。领导者在团队建设中必备的能力有以下 5 个方面。

（1）团队建设能力。增强团队的团结意识，发挥团队的整体效能，是一名领导者应具备的基本能力。“火车跑得快，全靠车头带”，一个企业的团队无论大小，工作做得好坏，关键在领导，因为领导是这个团队的核心。领导者作为所在团队的负责人，不仅要有强烈的责任感、事业心和大胆创新的精神，更重要的是要在自己部门、系统内部形成一种民主的气氛，让大家畅所欲言，把各自的潜能发挥出来，使大家的智慧聚在一起，形成整体的合力。只有这样，团队成员才觉得自己受到了领导的尊重，有责任干好工作。作为领导者，平时要把握好几个原则：首先是用人不疑。所谓用人不疑就是增强对部下的信任意识，特别是对团队内的业务骨干，要相信他们、支持他们，让他们在工作中大胆创新，做好自己的参谋和助手。其次是适当放权。作为领导者，不能事无巨细地抓和管，不能吝惜自己的权利，要让团队成员真正感到有协助你干好工作的责任。最后要正确处理好与部下的关系，支持每一位部下的工作，帮助他们解决生活与工作中的困难，营造良好的工作氛围，提高员工工作积极性。

（2）学习能力。领导者自身整体素质的高低，对团队开展的好坏起着决定性的作用。因此，作为领导者，必须强化自身素质，加强学习。加强业务学习，提高自身的理论素质，增强把握全局的能力。还要适应复杂多变的市场形势，提高自己的决策素质。作为一名领导者，在谋事布局上要站得高，看得远，跳出小圈子，站到全局的高度去看待周围的一切事物。针对上级的指示，要吃透精神，结合实际，深入调查研究，树立超前意识，精心谋划组织，做出正确的决策。

（3）细节管理能力。老子曾说：“天下难事，必做于易；天下大事，必作于细”。一心渴望伟大、追求伟大，伟大却了无踪影；甘于平淡，认真做好每个细节，伟大却不期而至。这就是细节的魅力。一个人的价值不是以数量而是以他的深度来衡量的，成功者的共同特点，就是能做小事情，能够抓住生活中的一些细节。

（4）执行能力。对于一个成功的团队，最重要的是它的执行力。领导者的能力将直接决定这个团队整体的执行能力。领导者的核心点是“管理”，通过有效管理，通过“计划、组织、实施、控制、反馈、改善”等管理环节，最终实现组织的一个个目标。确保执行的过程有效实施，完善执行体系的细节等，这些都只有通过“管理”才能实现。

（5）绩效管理能力。绩效管理是一个完整的系统，是以目标为导向，以绩效指标为标准，进行过程控制并取得预期结果的一个螺旋式上升的动态循环过程。这个过程包括绩效目标的明确、绩效实施、绩效评价、绩效改进4个阶段，着重考虑绩效目标和绩效指标的建立过程。

3. 提高领导力的方法

（1）全面开发领导者权力的来源。法定权、惩罚权、奖励权、专长权和个人影响权都是领导者影响力的基础，需要着重开发。领导者权力的其他来源是指部门间相互依赖、信息控制和应对不确定因素等，在许多组织里，部门间互相依赖是领导者权力的一个重要来源。

（2）建设性运用自己的职位权力。法定权力决定个人在组织中的地位。高水平的领导者在运用其法定权力上是颇下苦心的，较注意检讨自己的领导方式是否有不当之处，这是因为他们认识到个人的领导方式通常会影响个人如何行使其法定权力。领导者可用法定权力来影响其下属。反过来，下属也可使用他们的法定权力来影响领导者。

（3）多方提高自己的个人影响力。领导者可采取诸如参加培训、向专家学习、参与专题研讨会等措施以使自己拥有胜任本职工作所必需的专长权力，被下属认可并被下属当作榜样的领导者就拥有较大的参照权力。

（4）把权力交给更适合的下属去运用。有3层意思：一是用权主体可以分散化，靠一人智慧不如集合众人智慧；二是通过分权、授权来实现权力的部分下授；三是要有胜任受权者来接受下授的权力。

二、重要政策

（一）国家科技人才政策总体情况

从“人才是创新的核心要素”到“人才是第一资源”，再到人才是“战略资源”，科技人才以及科技人才政策的重要性逐渐成为普遍共识。党的十八大以来，以习近平同志为核心的党中央围绕深入实施科教兴国战略、人才强国战略、创新驱动发展战略，不断完善党管人才的工作格局，系统谋划布局科技人才发展，科技人才体制机制改革纵深推进。2021 年 9 月 27—28 日，习近平总书记在中央人才工作会议上提出“深入实施新时代人才强国战略，加快建设世界重要人才中心和创新高地”的新阶段目标要求。近年来，从中央到地方，以“放权、松绑、激励、服务”为重点，陆续推出了覆盖人才发现评价、培养引进、评价激励、流动服务等方面的科技人才政策。

2013 年以来，党中央、国务院及有关部门共出台科技人才有关政策 220 项。其中，党中央、国务院层面出台 76 项，占比为 34.5%；科技部、教育部等有关部门出台政策文件共 144 份，占比为 65.5%。按照十大政策方向，共梳理形成了 66 个政策门类和 1 031 条政策要点。总体来看，科技人才政策基本涵盖了各个研究类别、不同职业发展阶段、不同年龄、不同层次的科技人才。

从政策出台数量看，政策强供给态势明显。“十三五”以来，科技人才相关政策文件发布密集，数量明显增多。2013—2015 年平均每年出台科技人才相关政策文件数量为 14 份，2016—2020 年平均每年达到 35 份，反映出党的十八大以来，国家对科技人才的高度重视，逐步在政策配置上将科技人才摆在更加重要的位置，政策力度不断加强。从政策发布主体看，党中央、国务院及各有关部门均出台了科技人才支持政策，形成多层级、多部门、多领域协同的供给结构。从政策实施主体看，广泛调动了各级政府、市场和用人单位的作用，从政策设计上对应不同职能分别提出了相应要求。从政策受众看，科技人才政策工具及类别比较丰富，基本形成覆盖主要类别科研人员和全职业周期的科技人才政策体系。从政策内容看，政策重点比较聚焦，主要是科技人才较为关注的科技评价、科技成果转化、收入分配、科技计划管理改革、自主权以及科研诚信等方面政策。从政策工具看，广泛涉及了带有强制性、命令性规定的权威工具，教育培训机会、平台等能力建设工具，税收、补贴、奖励、荣誉等激励工具，价值观引导和行为约束等劝诫工具，财务金融、税收优惠、法规管制等环境型政策工具。

（二）海南省人才政策总体情况

2018 年 4 月 13 日，习近平总书记发表重要讲话，向全世界郑重宣布“党中央决定支持海南全岛建设自由贸易试验区，支持海南逐步探索、稳步推进中国特色自由贸易港建设”，同时明确强调“事业因人才而兴，人才因事业而聚”“海南要坚持五湖四海广揽人才”“实行更加积极、更加开放、更加有效的人才政策”“让各类人才在海南各尽其用、各展其才”。这些重要指示为海南人才事业发展指明了方向，为贯彻《关于支持海南开展人才发展体制机制创新的实施方案》精神、创新海南人才发展体制机制，海南省出台了一系列人才政策。

2020 年 6 月 1 日，中共中央、国务院印发《海南自由贸易港建设总体方案》，海南省贯彻落实人才工作实现率先突破的要求，坚持“双轮驱动”战略，密集出台人才政策，持续推进人才全球招聘、全面放开高校毕业生落户限制等，一项项关于人才引进、培养、服务的有力举措密集跟进，为海南自贸港建设提供了强有力的人才支撑。

出台《海南省人才团队建设实施办法（试行）》（以下简称《实施办法》），主要是通过开展“海南省人才团队”认定和“海南省优秀人才团队”评选的方式激励支持人才团队建设，主要有 3 个方面的重要支持。一是普惠的创新创业支持，比如经认定的“海南省人才团队”可优先推荐申报国家或省级科技项目，优先申报科研经费，优先推荐申请海南省人才创新创业投资基金股权投资，向有关金融机构推荐申请人才信用贷款等。二是全面的服务保障待遇，比如团队人才可以选择在海南任一城市落户，购房享受本地居民的待遇，子女申请转学到海南省就读高中按等级相当原则协调安排等。三是重点的建设经费资助，对通过评选的“海南省优秀人才团队”，给予 1 000 万~3 000 万元建设资助，通过绩效考核的还可延长一个周期给予同等支持。

配套《实施办法》而制定的《首批百个“海南省人才团队”建设工作方案》，紧扣海南三大产业类型、十个重点领域、十二个重点产业发展需要，提出了 2020 年启动建设百个以上“海南省人才团队”的目标。这个计划紧扣海南三大产业类型、十个重点领域、十二个重点产业发展需要，提出了 2020 年启动建设百个以上“海南省人才团队”的目标，强调了引进挖掘人才团队、培育支持做大做强、推动引领产业发展的具体任务，建立了相关议事协调、建设推进、联系对接等机制，还专门设计了年内推进的9项建设活动，比如开展首批“海南省人才团队”认定工作，为首批百个“海南省人才团队”授牌，发布首批百个“海南省人才团队”建设风采录，举办人才团队建设专题培训班、沙龙、交流大会等活动，以营造良好的社会氛围，落实各项支持举措，加快推进“海南省人才团队”建设。

为吸引大师级人才来琼发展，海南制定《海南省优化大师级人才服务保障实施办法》，适用对象是全职来琼、在琼工作的大师级人才（即两院院士同等类别人才），分别从人才补贴、人才公寓、用车出行、医疗保健、子女入学、举荐引荐高层次人才6个方面给大师级人才提供优惠政策支持，其中人才公寓、医疗保障、子女就学是对海南省原有政策的进一步明确，而给予300万元人才补贴、乘坐交通工具等级、举荐引荐高层次人才则是新增的支持举措。

出台《新型智库建设管理办法》，旨在聚集高端人才、加快建设一批有鲜明海南特色、有影响力和竞争力的新型智库，并引导其科学化、规范化、制度化运营，充分发挥新型智库资政建言、舆论引导等方面的功能和作用。《新型智库建设管理办法》分总则、建设任务、组织管理、成果管理、经费管理、评估考核和附则共7章，提出新型智库要加强决策咨询、社会服务、科研交流、人才队伍、组织机构等方面的建设；明确省级行业主管部门、新型智库建设单位等有关方面的职责；明确经费来源由省级相关行业主管部门委托课题任务研究经费、所在单位支持经费和自筹经费等组成，重点向研究人员倾斜；明确评估考核机制和结果运用；等等。提出将建设一批省级重点新型智库，对认定的重点智库将给予政策倾斜，必要时制定“一库一策”予以重点支持。

出台《关于推进“1+N”人才评价机制改革的实施意见》，针对当前人才评价中存在的人才分类评价不足、评价标准单一、评价手段趋同、评价社会化程度不高、用人主体自主权落实不够等突出问题，尤其是对不同人才评价“一把尺子量到底”的问题，围绕省经济社会发展和人才队伍建设需要，以科学分类评价为基础，推动形成科学化、社会化、市场化、国际化的人才评价机制。这个“1+N”，就是采取“1+9”的方式对人才进行分类评价。“1”就是从总体上对人才的评价原则、内容、标准等方面作统一要求，“9”就是从科技人才、哲学社会科学和文化艺术人才、教育人才、卫生健康人才、技能人才、国际人才等9类人才试点，按照每类人才的不同职业、不同岗位、不同层次来科学分类设计涵盖品德、知识、能力、业绩和贡献等要素，科学合理、各有侧重的人才评价标准。随着方案的深入实施，“1+9”的方式还可能扩展到“1+10”“1+11”等，因此命名为“1+N”。它主要有3个方面的特点。一是在评价标准指标上，坚持凭品德、能力、实绩、贡献为导向评价人才，坚决克服传统评价中唯学历、唯资历、唯论文等倾向。二是在评价方式方法上，鼓励用人单位综合运用行业评价、服务对象评价、市场评价、社会评价等多种方式评价人才，使评价更加符合市场发展规律，更加科学、准确。三是在评价具体内容上，突出国际化导向，不仅将国际人才纳入分类评价范围，还在科技人才、哲学社会科学和文化艺术人才、企业人才、法律人才等人才评价中强调掌握国际规则、具备国际化视野和能力的评价指标。

出台《海南省高层次人才服务专员管理办法》等一系列贴心服务举措，提出在海南省建立高层次人才服务专员制度，安排专人为高层次人才提供精准服务，打造“覆盖全省、上下贯通、专员服务、高效办理”的高层次人才服务保障新模式，围绕加快推进海南自贸港建设，构建以“一次办好”“零跑腿”为标志的高层次人才服务新优势，为人才来琼创新创业解决后顾之忧，彰显了海南招才引才的决心和诚意。

出台《海南省引进高层次人才跟踪考核暂行办法》，对在海南省引进服务期内经认定的各类高层次人才，以及入选省级人才引进项目的高层次人才进行跟踪考核，防止高层次人才认定变成一张“永久牌”。

（三）农业农村部关于四类人才的培养方向

2021年12月13日，农业农村部部长唐仁健在全国农业科技人才工作交流会暨中国农业科学院第五次人才工作会议上的讲话为新时期培养高效农业团队指明了方向。

党的十八大以来，农业农村领域认真贯彻落实人才强国战略，着力建设现代农业产业技术体系，实施农业科研杰出人才培养计划，全方位培养、引进、使用人才，取得了显著成效。全国农业科研机构从业人员达到7.23万人，数量居世界第一，其中高级职称占比超过37%；农业领域新晋两院院士46人、长江学者40人，234项成果获得国家自然科学奖、技术发明奖、科学技术进步奖，涌现出李保国、赵亚夫等一大批爱国为民、潜心科研、躬耕田野的农业科学家和科技工作者。正是有了一大批农业科技人才的阶梯式提升，才有了农业科技创新的跨越式发展，才能支撑引领我国农业发展取得历史性成就。

习近平总书记在中央人才工作会议上强调，要加快建设国家战略人才力量，并明确提出了4个方面的战略人才。农业科技人才队伍建设，要以此为对照，聚焦保障国家粮食安全和重要农产品有效供给这个首要任务，加快建设农业科技战略人才力量。总的要做到“四个坚持”，建设“四支队伍”。

“四个坚持”，就是坚持“人事结合”，聚焦科技创新重大需求和重大任务，以事聚才、以才兴业；坚持“引育并举”，一手抓引才补短板，一手抓育才挖潜力，力求精准，不能“请来和尚再修庙”；坚持“分类分层”，针对不同类型、不同层次人才队伍的具体特点，明确不同的培养目标，采取不同的支持方式；坚持“综合施策”，聚焦人才培养、使用、评价、服务、支持、激励等关键环节，打造硬平台，营造软环境，制定体系化链条化的政策举措。

“四支队伍”，就是农业战略科学家、科技领军人才、青年科技人才、农业领域卓越工程师。初步考虑，力争“十四五”期间，能够在保障国家粮食安全等重大领域直接掌握若干名战略科学家，在农业关键核心技术领域稳定打造100名一流科技领军人才和500个骨干创新团队，长期支持1 000名青年科技人才，培育10万乡村产业带头人和500万高素质农民。

一是瞄准“国之重器”，发现和培养农业战略科学家。战略科学家是国家战略人才力量中的“关键少数”，是具有跨学科的宽广视野、把握大局大势的战略眼光，能够引领创新方向，领衔科技大会战的帅才。这类科学家，可以说是万里挑一，主要从65岁以下的“两院”院士，生物育种、智慧农业等重点科技任务的担纲者，尤其是农业关键核心技术攻关有关技术负责人和农业生物育种重大项目技术总师中，通过联合攻关大兵团实战历练来发现和掌握。同时，还要立足现有50个产业技术体系首席科学家，42个学科群、重点实验室以及“揭榜挂帅”的领头人，有意识地发现和培养更多具有战略科学家潜质的高层次复合型人才，形成成长梯队。

二是聚焦“破卡解难”，打造一流农业科技领军人才和创新团队。这是农业科技战略力量的主将主力，是解决农业“保供、解卡、防风险、促绿色转型”等科技难题的开路先锋，组织颠覆性重大科技任务的指挥群体。实施“神农英才”计划，依托农业关键核心技术攻关专项、农业生物育种重大项目、农科院创新工程、国家科技重点研发计划等，遴选支持一定数量的领军人才，统筹科技项目和平台条件，设立培育专项，强化综合保障和经费支持，优先支持、重点培养。今后，国家现代农业产业技术体系，每个体系都将设立 2 个副首席，由年龄不超过 45 岁的青年专家担任，就是为了培养农业科技领军人才。各地也可以在本省的产业体系或相关科技计划项目中设立相应的岗位，有意识地培养一批领军人才。

三是围绕“后继有人”，扶壮青年科技人才队伍。这是农业战略科技力量的源头活水。这类人才，重点是给机会、压担子、搭梯子，持续跟踪培养。在农业关键核心技术攻关、农业生物育种等重大项目中，拿出 20%左右的经费设立青年专项，部属“三院”院所两级都拿出 50%以上的基本科研业务费，用于培养和支持 40 岁以下具有发展潜力的青年科技人才。各大高校和各地农业科研院所，也应当在青年人才培养上给予更大支持。重点实验室主任、科技创新团队骨干岗位都要更多地让青年人才担纲领衔。

四是立足“开花结果”，培养农业领域卓越工程师。农业科技创新要从研发走向落地，让先进适用成果在广袤田野开花结果，必须得有工业上那种工程师和技术工人队伍，也就是通常所讲的有文化、懂技术、善经营、会管理的高素质农民。要加大高素质农民培育计划实施力度，分层分类分模块开展全产业链培训，培育一批“田秀才”“土专家”。继续举办好全国农业行业职业技能大赛，谋划举办“大国农匠”农民技能大赛，在粮食安全、重大动植物疫病防控、农产品质量安全等领域，选拔培育一批乡村高技能人才。

三、人才引进

（一）某科研单位的人才引进实践

1. 招聘战略的选择

（1）“一把手”负责制。人才招聘实行“一把手”负责制，研究所领导班子亲自推动人才战略的实施，用更宽广的胸怀广纳贤才，能够正确处理内外部人才的关系，大力招聘高层次人才，同时做好内部人才的培养和激励。

（2）“人本性”的招聘政策。一切从人的真正本性需求出发，既要充分考虑人才的市场价值、移位成本，也要考虑对其家人身心的影响以及移位可能带来的潜在风险等，充分考虑到应聘者的实际需求和期望值，从广阔的事业平台、优厚的薪酬待遇、家庭与子女教育多个方面制定更具吸引力的招聘政策。

（3）“对口挖”的招聘策略。根据自身行业特点，结合组织文化特点和技术水平，选取与自身相匹配的系统对接，比如农业科研单位与农业大学直接建立长期合作和联系，输送优秀人才。目标单位确定后，针对不同的岗位需求，寻找目标人选，精准定位，深度挖掘。

2. 招聘规则的制定

（1）指导思想。坚持人才优先理念，加大高层次人才引进培养的规划设计、资金投入和支撑力度。坚持按需设岗、按岗聘用、目标考核、动态管理，充实各类创新团队和高精尖缺人才。

（2）人才类别和要求。人才类别共分为A、B、C、D、E及其他六类，其中A~E类标准根据《中国热带农业科学院高层次人才分类参考标准（2019）》确定，应/往届博士硕士属于其他类。

引进的高层次人才原则上不超过相应年龄上限，其中A类人才70周岁，B类和C类人才55周岁，D类人才50周岁，E类人才45周岁。

（3）待遇配套。特岗绩效、安家费、科研经费均按聘期分年发放，配套相应的办公和生活条件。

（4）引进程序。A、B、C、D、E类高层次人才可不实行公开招聘，高层次人才引进程序如下。

1）制订招聘计划及工作方案：所科技处、办公室根据院重点学科领域和环植所人才引进规划，提出年度高层次人才需求，明确人才引进岗位的任职条件、工作目标和工作待遇等。

2）发布需求：通过院网、所网及相关媒体和渠道，对外发布需求信息。

3）报名和资格审查：申报人填写《高层次人才申报书》，并附相关业绩证明材料。所办公室会同科技处对其申报材料进行审核，并提请所学术委员会组织面试评议。

4）面试评议：所学术委员会组织专家对申报人开展面试，参加评议专家为9~13人（要求具有正高级职称）。专家组根据申报人的学术水平、业务能力，提出考察意见，推荐认定高层次人才的类别。

5）人选确定：经领导班子集体研究后，确定拟录用人选及高层次人才类别，相关材料报院人事处。

6）公示：对经院人事处审批同意的引进人才进行公示，公示期不少于

5 个工作日。

7）聘用：签订高层次人才工作协议，并按院有关规定开展岗位聘用。

（5）考核管理。高层次人才实行工作协议任务考核管理，分为中期考核和期满考核。若中期考核未达目标，则暂停发放特岗绩效和安家费，待聘期考核合格再一次性补发。聘用期满达到考核目标可续聘，未达到考核目标的应退还全部特岗绩效、安家费，两年内不再续签。

高层次人才聘期内可申请不参加所内年度考核，考核结果默认为合格等次，但不进入评优推荐名单，定量考核分数取组内同级别平均分。

A、B 类人才认定有效期原则上不超过 10 年，C、D、E 类人才认定有效期原则上不超过 5 年，期满后需重新认定。在有效期内，方可签订高层次人才工作协议，享受包括特岗绩效在内的培养支持措施。

凡发现违反学术道德、学术诚信，伪造认定或考核材料的个人，一律取消高层次人才人选资格，5 年内不得再次申请高层次人才认定，并返还已享受的待遇。

（6）其他。

1）高层次人才在工作协议期内因个人原因离开单位（含辞职、调离、擅自离岗、出国逾期不归等），需全额返还所有待遇，包括特岗绩效、安家费、政策性住房、协议期内发放的所有绩效工资，随调安排的团队成员、配偶也相应解聘或降级处理。

2）高层次人才分类中两个或两个以上类别的人才，以最高类别进行认定并享受最高类别的岗位待遇，不得同时享受两个或两个以上类别的岗位待遇。

3. 执行中的过程管理

招聘宣传方面，积极与国内各大农业高校、同行业科研机构导师保持联系，结合具体区域和学科分类，根据单位用人需求一对一联系对接；同时，通过合作网站、单位网站、微信等自媒体渠道发布招聘启事；面试工作方面，积极开展面试会议，保证简历投递的时效性，同时定期跟进招聘进度，做好招聘绩效评价。

（二）人才引进的 SWOT 分析

运用 SWOT 分析法利用系统思维，将组织内部优势、劣势、机遇、威胁这些看起来独立的因素互相匹配起来进行综合分析（表 5-1），使组织战略计划的制定更具有科学性和合理性。只有灵活运用各种分析工具，适时地调整和修正战略偏差，才能确保组织战略得以顺利与正确地执行。

表 5-1　SWOT 分析矩阵

内部因素 / 外部因素	优势（Strengths）	劣势（Weaknesses）
	1. 用人政策导向，大力延揽高层次人才。 2. 为高层次人才搭建施展才华的平台。 3. 热带农业科研领域研究的特色明显。 4. 有效利用人才培养成本，发挥传帮带作用。	1. 后勤保障条件相对较弱。 2. 考评激励机制不健全。 3. 科学研究基础较为薄弱。 4. 配套培养模式不健全。
机遇（Opportunities）	优势机遇因素（SO）	劣势机遇因素（WO）
1. 海南省的区位优势。 2. 海南省的人才政策吸引。 3. 国家“一带一路”倡议下，世界热区科研合作的日渐紧密。	1. 利用地方资源条件等区位优势，拓宽招聘渠道，广泛发布人才信息。 2. 利用国家和地方有力政策，为用人单位更好地引进人才提供便利。	1. 研究人才政策，完善考评激励机制，制定较为全面的考核评价体系。 2. 尽可能提高保障水平，用科研资源和平台方面的优势，弱化后勤保障条件方面的不足。
威胁（Threats）	优势威胁因素（ST）	劣势威胁因素（WT）
1. 城市经济水平处于中初级发展阶段。 2. 科研院所高校之间存在人才争夺。	1. 用人思路多元化，通过多维的引智工程，延揽高端智慧。 2. 扩大博士后科研工作站的规模，吸引国内外优秀人才来从事博士后研究。	1. 加强特色领域研究，以单位的特色优势，弥补环境条件方面的缺陷。 2. 加快提升科研水平，强实力，扩影响，真正成为热带农业人才的孵化器。

1. 优势因素分析

（1）开放的人才政策导向。坚持“思想引领、质量为重、培养为要、使用为基、激励为主”的用人原则，加大力度延揽高端智慧，注重引进高端紧缺人才和海外优秀人才。那些具有丰富科研工作经历尤其是有海外留学背景的领军人才是单位高层次人才引进的主要目标。

（2）用人单位能为高层次人才搭建施展才华的平台。硬件设施条件扎实，但在热带农业的相关领域，科研力量相对较为薄弱，中间力量断层，缺少学科领军人才，应给予引进的高层次人才在平台条件和科研方面较大力度的支持，让他们有充分施展才华的空间。

（3）铸造热带农业科研特色。随着科研单位日趋激烈的竞争，各科研单位越来越重视某项专业领域中领军人才的作用，科学合理地引进具有热带农业研究背景的高层次人才，能有效开拓单位在某项专业的研究领域，增强在国际上的话语权。

（4）有效利用人才培养成本，发挥高层次人才传帮带作用。成功引进品能兼优的高层次人才，能形成内部竞争机制，带动单位的人才培养和成长，使人才运行机制更加高效活跃，使青年人员得到帮扶、传带的指导，促使整体科技创新能力提升，从而有效节省了人才培养的时间和经费成本。

2. 劣势因素分析

（1）后勤保障条件方面相对较弱。用人单位高层次人才引进方面可支配的人员经费有限，相比内地发达地区的引人政策，如用丰厚的待遇条件吸引学术领军人才，给予高额科研补贴或安家费方面，人员经费保障相对薄弱。

（2）高层次人才的考评激励机制不健全。现行的考评激励制度，对现有职工的考核和激励方面效果不明显，更不能有效激励引进的高层次人才，在短时间内难以形成突破性成果，工作成就感低，工作满意度下降。

（3）科学研究基础较为薄弱，水平有待进一步提升。海南省由于地理位置相对偏远，无论是从基础设施、科研条件、人才配套等方面相较于国家其他科研院所有一定的差距，单位的配套更新缓慢，基础薄弱，很大程度上限制了高层次人才的发展。

（4）配套培养模式不健全，评价机制滞后。科研单位对高层次人才常产生“引前重视，引后忽视”的现象，没有探索建立健全的高层次人才培养模式，一味地将科研领域发展寄托在个人身上，不重视人才的成长和培养，常导致高层次人才“吃老本”，在自有领域故步自封，同时也加大了高层次人才的流失。

3. 机遇因素分析

（1）海南省的区位优势。海南省拥有独特的地理区位和资源条件，年平均气温 22~26℃，日照时间长，光热充足，雨量充沛，是全国最大的天然大温室。尤其冬季温暖，入春早，全年无霜冻，为冬季瓜菜生产提供了极其有利的自然条件，同时也为培育和自主开发新品种提供了良好的环境。海南大部分地区地势平坦，土层深厚肥力高，其土壤以花岗岩、玄武岩发育的砖红壤为主，非常利于进行规模化、现代化的农业种植和开发。独特的区位优势决定了这里是开展热带农业科研工作的好地方。

（2）海南省的人才政策吸引。2018 年“4·13”重要讲话以来，海南省在高层次人才引进培养方面出台了一系列的政策，也在柔性引智方面做了相关政策研究，大力延揽全世界的高端智慧人才。

（3）国家“一带一路”倡议下，世界热区科研合作日渐紧密。遵循与其他热区“合作共赢，资源共享”的原则，通过“一带一路”国家交流的平台，进一步促进单位热带农业在“一带一路”区域的技术转让，扩大与“一带一路”国家的农业合作交流。同时，结合旅游产业，发展休闲农业和开发可作为旅游商品的特色农产品。

4. 威胁因素分析

（1）城市经济水平处于中初级发展阶段。海南省的经济和社会发展总体水平偏低，与北上广等地区相比，吸引人才方面不具备条件优势。很多优秀人才更多地选择经济实力雄厚的地区和科研水平较强的科研院所发展。

（2）科研院所高校之间存在人才争夺。海南大学、海南省农业科学院等科研院所和高校近年来发展迅猛，在高层次人才引进方面也出台条件丰厚的引进政策，势头强劲，导致同区域内高校和科研所之间对高层次人才的竞争加剧。

（三）高效农业科研团队人才引进的战略选择

一是抓住海南省自贸港建设的政策机遇，发挥海南区域优势，多维度多方位拓宽招聘渠道，加大宣传力度，吸引高层次人才。

二是拓宽引人思路，通过多维的人才引进工程、博士后流动站建设等，以科技计划为载体充分利用海外人才智力。支持外国专家牵头或参与战略研究、指南编制、项目实施、项目评审和验收等工作；面向全球引进首席科学家等高层次人才；鼓励在华外资研发中心参与承担科技计划项等，探索适合自身实际的人才合作方式，多渠道延揽高端智慧人才。

三是做大做强主要研究领域，发挥主责主业特色优势，增强自身实力，努力提升高层次人才的保障水平，如为其提供住房与科研经费等条件支持、解决子女随迁、子女入学等问题。

四是研究人才政策，完善考评激励机制，实行契约化考核，动态管理，依据考核结果分期分批兑现有关待遇，制定较为科学的考核评价激励体系，提升高层次人才引进工作的效能。

五是建立人才信息共享平台。通过建立地方、高校、科研单位人才信息共享库，打破传统人才引进、服务、工作的体制，形成集人才资源信息库、人才资源交流平台、人才资源公共服务等功能于一体的多元化、综合性、专业型的共享人才资源数据库。

四、人才培养

（一）某科研单位的主要做法实践

1. 在职人员继续教育

（1）基本条件。

1）坚持“根据需要、有计划培养”的原则。学历深造对象以 45 周岁以下的科研人员为主，具有高级专业技术职务者，年龄可以适当放宽。重点培养在科研工作中涌现出来的优秀人才，使之成为科研骨干和学科带头人。管理人员根据工作表现和工作需要，限名额推荐报考。

2）坚持“学以致用”的原则。职工学历深造和报考的专业学科要与从事的或将要从事的科研方向一致，符合研究所科研发展规划的基本要求。

3）申请在职攻读学位者、国内外访问学者、博士后合作研究的人员必须具有良好的职业道德和敬业精神，工作量饱满，能够较好履行现职岗位职责。在所在编在岗工作满 3 年。

4）同一人员的同一层次学历深造，研究所只安排 1 次。

5）凡有过所内在职培养读研的职工，要履行相应的服务年限后，方可继续读研深造。

（2）学习人员、学习形式及内容。

1）在职攻读博士或硕士学位者（含推广硕士学位、以同等学历在职申请博士或硕士学位人员，下同），其他参加连续 3 个月以上培训的人员。

2）根据需要结合研究所承担的科研任务，可作为国内外访问学者参加培训学习、博士后合作研究或参加以学科前沿领域为内容的高级研讨班、短期培训学习或进修学习等。

3）管理岗位人员根据所从事的业务工作的需要，轮流进行短期培训学习或进修学习。

（3）考核与管理。

1）在职攻读学位者、国内外访问学者、超过 3 个月以上的高级研修班或业务进修或学习者，均需要提交《在职读书（培训）申请表》，由所在研究组、研究室负责人审核后，报所人事处，提请所务会审定。职工参加在职研究生考试，必须在报名前向单位提交书面申请。

2）参加工作后，凡参加半年以上培训学习，且学习期满者，原则上要履行相应的服务期限后，方可再次申请培训学习。

3）在职培训学习人员，必须努力达到计划规定的学习目标，在规定的时间内（培训计划规定期限，需在相关协议书中注明）完成培训学习任务，并获得相应的证明或学位证书。无法在规定时间内完成培训学习任务者，需提前1个月由本人提出书面申请，经所务会同意后，方可延长培训学习时间。在职攻读博士（硕士）学位人员的培养期限一般不超过4年，延期一般不超过2年。

4）在岛外培训学习者，离开和返回时，需以书面形式到所人事处备案，若无该项手续，则视其培训学习均在岛内开展。

5）培训学习结束后，于当年以书面形式向所在部门递交学习报告，并将相关材料送交所人事处备案。出国培训者，回所后须在全所范围内做学习培训汇报。

（4）审批程序。

1）3个月以内的短期培训学习各研究室根据培训需要和培训计划，派员进行专业技术人员知识更新培训，培训人员从OA系统履行出差手续。管理岗位人员根据业务工作需要，参加上级主管部门组织的短期培训学习，由对应职能处室的分管所领导审批。

2）3个月以上（含3个月）的培训学习。

A. 个人申请。个人提交《在职读书（培训）申请表》。

B. 审核。由所在研究组、研究室负责人审核后报所人事处。

C. 审批。申请在职从事博士后合作研究、攻读博士（硕士）学位人员及超过3个月以上培训学习人员的申请，均需提请所长办公会审定。

D. 协议签订。凡经所务会审批同意参加在职培训的人员与所签订《在职培训协议书》，协议书明确双方的权力、义务和违约所承担的责任，同时明确最低服务期限。

（5）福利待遇。

1）培训学习期间的基本工资、国家规定发放的津补贴、住房补贴、社会保险等原则上不变。

2）培训学习期间产生的费用均属于培训专项费用，主要包括因培训产生的用于培训学习人员的培训费、差旅费、其他直接费用以及培训学习期间发放、暂扣的全部绩效工资。

3）在职从事博士后合作研究、在职攻读博士学位或硕士学位者须参加岗位考核，经岗位考核合格，其基本工资正常发放，基础性绩效工资的30%暂扣，扣除的待遇待取得学位并返回单位服务后，分2年进行返还。

4）在职培训人员的非所支部分奖励性绩效，由所在研究组根据其贡献情况酌情发放。

（6）经费开支办法。短期进修、学术研讨、考察等类型的培训，培训期间的差旅费等费用，按照培训费用相关管理规定，根据培训任务，由相应职能部门、科技平台或研究组从相关经费中统筹解决。

（7）违约规定与服务期。

1）违约规定。在职培训学习人员，培训、服务期内原则上不得申请辞职、调出，如辞职、自费出国（境）和调出研究所（院组织安排的情况除外），按违约处理。具体违约赔偿责任在《在职培训协议书》内明确。

2）服务期。

A. 在职攻读学位人员，从事在职博士后合作研究或外出进修学习半年以上的，服务期按进修学习时间乘以2计算，不足1年的按1年计算。

B. 在职培训服务期未满又在职从事博士后合作研究的，在职培训未服务完的年限自博士后研究结束回所工作的下个月起重新开始计算。

C. 职工服务期累加计算，但最高不超过15年。

2. 在职人员培训

主要包括培训需求分析、内外资源盘点、培训项目策划、培训组织与实施、学员学习转化、培训效果评估、培训成果应用。

（1）培训需求分析。培训需求分析，是指在规划与培训活动之前，通过对员工的目标、知识与技能等方面进行系统的考察和分析，确定培训是否有必要及培训内容的过程。可以根据人员层次细分培训需求，不同层次的员工，他们的培训需求不同。需要从组织层面提出培训需求，结合业务发展方向、核心人才能力诉求，是培训需求分析的重要信息来源。

（2）培训方案策划。确定好培训需求后，需要进行培训资源的盘点。完备的培训方案是在客观的培训需求分析基础上对培训名称、培训时间、培训地点、培训对象、培训讲师、培训内容等作出的预先设计。持续关注培训需求是否被满足，让培训方案最大限度地与组织要求和个人需求相匹配。

（3）培训组织实施。做好培训动员，通过多渠道宣传，让学员充分了解到培训内容、培训收益，吸引广大员工参与。做好培训资源准备，包括培训场地、设备器材及教学用具等。积极做好师资沟通，做好工作人员的分工。

(4) 培训效果评估。按照“柯氏四级培训评估模式”，培训效果评估分为反映评估、学习评估、行为评估、结果评估四个阶段。组织的培训，应以实际业绩改善为目标。培训要与绩效紧密结合，才能培养出真正为组织创造价值的员工。聚焦业务目标、绩效差距，找到可以通过培训可以改进的问题点。

(5) 培训有关规定。为进一步加强学员管理、切实改进干部教育培训学风，按照有关政策要求，结合干部教育培训工作实际，作出如下规定。

1）无论什么级别的干部参加学习培训都是普通学员，必须端正学习态度，树立学员意识，严格遵守学习培训和廉洁自律的各项规定，把精力主要放在学习上，认真完成培训任务。干部管理部门和干部教育培训机构要对参训干部提出具体要求。

2）干部在校学习期间，要住在学员宿舍，吃在学员食堂。学员与学员之间、教员与学员之间不得用公款相互宴请。班级、小组不得以集体活动为名聚餐吃请。学员不得外出参加任何形式的可能影响公正执行公务的宴请和娱乐活动。对违反规定的学员予以退学处理。

3）组织学员外出进行现场教学、实地考察调研等活动时，不准警车带路，不接受宴请，一律吃自助餐或便餐，不收受纪念品和土特产，不安排与学习无关的旅游和娱乐活动。对违反规定的，追究培训机构有关领导和带队负责人的责任。

4）学员不准接受和赠送礼品、礼金、有价证券和支付凭证及土特产等，不得接待以探望为名的各种礼节性来访。学员之间不准以学习交流、对口走访、交叉考察、集体调研等名义互请旅游。对违反规定的学员，视情节轻重予以约谈提醒、通报批评或责令退学。对于接受和赠送贵重礼品、礼金、有价证券和支付凭证的，将有关情况通报干部主管部门和所在单位，按规定处理。

5）学员参加学习期间不再承担所在单位的工作、会议、出国（境）考察等任务。如因特殊情况确需请假的，必须严格履行请假手续。累计请假时间超过总学时 1/7 的，按退学处理。未经批准擅自离校的，责令退学。

6）学员必须自己动手撰写发言材料、学习体会、调研报告和论文等，不准请人代写，不准抄袭他人学习研究成果，不准秘书等工作人员“陪读”。对违反规定的学员，视情节轻重予以取消成绩、通报批评或责令退学。

7）学员学习培训期间，不得留公车驻校，不得借用其他单位和个人的车辆“伴读”。对违反规定的学员，予以通报批评。

8）学员在校期间及结（毕）业以后，一律不准以同学名义搞“小圈子”，不得成立任何形式的联谊会、同学会等组织，也不得确定召集人、联系人等开展有组织的活动。不得利用同学关系在干部任用和人事安排以及子女入学、就业、经商等方面相互提供方便、谋取私利。对违反规定的在校学员，牵头人予以退学处理，参与者予以通报批评；对结（毕）业后的学员，由有关部门严肃查处。

9）干部教育培训管理部门和培训机构要厉行节约、勤俭办学，不得在高档宾馆、风景名胜区举办培训班，不得超标准安排食宿，不得发放高档消费品和纪念品，严禁借培训之名搞公款旅游。对违反规定的，追究主办单位领导人员责任。

（二）高效农业团队成员培训思路

为贯彻落实国家和农业农村部关于农业科技人才建设的总体思想，通过系统方法论，建设四支队伍，分别是农业战略科学家、科技领军人才、青年科技人才、农业领域卓越工程师。每个研究所都可以看成一个有机运行的系统，而人才是构成系统的基本单元。通过充分调研，实践执行，评估反馈，总结改进，让系统内部形成闭环良性循环。

1. 系统结构

传统的以机构编制核定的组织构架，可以作为系统结构的显性参照，但它对外部环境变化的适应性和对内部人才需求变化可及时调整，以看不见的柔性线性结构来辅助，是较好的补充方式。构建方法如下。

系统基本结构单元分为 4 个黑箱，A1、A2、A3、A4，人才比例设置大概是 1∶2∶3∶4。

A1（10%以内）是包含所领导班子和高级智囊团在内的决策团队，高级智囊团以柔性引进的院士，战略科学家为主。主要负责系统整体性维护，科研顶层设计，制定战略方向，大项目设计咨询，重大成果策划咨询。

A2（20%）是领军人才团队，主要包含但不仅限于各团队的主要负责人、各研究室主任、关键技术项目负责人，是系统内一流科技领军人才的集合，主要负责按照 A1 设计的版图，进行对应研究领域的深耕和拓展，均能独当一面、独树一帜。

A3（30%）以创新团队成员和青年科技骨干为主，是科技创新的主力军团，按A2各PI的要求分解任务，具体执行科研任务，分工协作，以科研成果为工作量纳入考核体系。

A4（40%）科研服务团队，包括一线业务管理人员、一线科研辅助人员（仪器平台和实验室辅助）、一线后勤保障人员、低绩效待转岗人员。主要负责科研团队的行政后勤事务。

2. 激励方案

人才的激励方式很多，根据不同人才的需求制定不同的激励策略，但薪酬激励是共性，4个黑箱的考核方式和考核内容不同，分类进行考核后，分别实施薪酬激励。但总体上薪酬激励比例（人均）大致为4：3：2：1，不包括基本工资和基础性绩效在内。其中A1中的柔性专家，另外协商计算。

3. 特殊事项

距退休不足3年的专业技术二、三、四级岗位专家，可提前转入A1或A3团队，不再从事A2的领军人才工作。

无法胜任岗位职责的待转岗人员，要特别安置好，不能随意穿插在A1-A3团队中，既影响其他同类人员干事创新的积极性，也对系统发展不利，可进行针对性的岗位培训后转岗再用。

对于A2团队的严格把控，是每个系统的重点和难点。既不能按资排辈，也不能简单靠罗列科研业绩进行定量筛选。要赋予A2团队成员更大的技术路线决定权、更大的经费支配权、更大的资源调度权，宁缺毋滥，百里挑一。

4. 结果讨论

经过上述过程分析，以人才为主线，初步构建一个研究所的柔性模型，并进行人力、薪酬、激励策略等要素的设置配备（表5-2）。

表5-2　配置模型

位置	人力配比	薪酬配比	激励策略	定位
A1	1	4	党组织认可，表彰	资源
A2	2	3	更大的授权	本领
A3	3	2	人才荣誉与嘉奖	体力
A4	4	1	更多的学习培训机会	感情

所有人放对位置都是人才，关键位置 A1 和 A2 不能放错人，否则会造成系统环境的变化，甚至系统运行的瘫痪。保证 A1 和 A2 的健康运行，需要追本溯源，认清系统的主责主业和优势特色领域，用长板理论突显系统存在的价值和应有的位置。

（三）高效农业团队的培训对策

《深入实施新时代人才强国战略　加快建设世界重要人才中心和创新高地》中指出，要大力培养使用战略科学家、打造大批一流科技领军人才和创新团队、造就规模宏大的青年科技人才队伍。走好人才自主培养之路，加大人才对外开放力度，采取多种方式开辟人才走出去培养的新路子，用好用活各类人才，让事业激励人才，让人才成就事业。

一是创新农业科技人才队伍建设机制，制定和完善相关措施，确保农业科技队伍建设出人才，引得来、用得上、留得住。提升农业科研、应用、实用等人才的综合素质，引入全面的激励机制。

二是注重交叉学科人才培养。从人才专业性培养的角度，不能局限于传统农业，可依据农业供给侧结构性改革方向，设立现代农业相关专业，如都市农业、设施工程、森林生态旅游、农产品物流工程等学科交叉专业。这些专业既结合了国家农业产业结构战略性调整政策，更培养了社会亟须的新兴农业人才，为农业现代化提供良好的专业人才基础。

三是优化农业科技人才培养内容的设计。科技人才的培养应基于乡村振兴、岗位要求及个人职业发展的需要，参照胜任力模型，进行培养内容的模块化设计。在知识与技能模块中，加强农业科技人才的耕读教育，重视农业学科专业知识、农业研究前沿知识、交叉学科背景知识等相关知识的培养，完善知识体系。在品质与素养模块中，重视农业科技人才敬业精神、独立人格、诚信正直等个性品质的培养。在创新与发展模块中，加强农业科技人才的创新方法学习、创新思维训练、创新团队建设等，着力培养农业科技人才的创新思维、创新意识和探索精神等创新特质。

四是注重农业科技人才培养理念的创新。树立开放包容、合作共赢的联盟式培养理念。充分利用各涉农研发单位的科研资源，努力创造学科交融、科研相通的培养环境。树立启发式培养理念，唤醒农业科技人才的主体意识，鼓励其运用批判性思维思考新事物，联动“新知识”与“旧知识”，引导其从自身汲取能量，专注于新事物的探究与研发。

五是搭建农业科技人才共享交流平台，通过建立地方、高校、科研单位人才信息共享库，将人才的提供者与需求者对接起来，实现人才、项目等信息的实时共享与查询，减少供给方的信息不对称。人才共享平台能够整合线上线下资源，打破了传统人才引进、服务、工作的体制，形成集人才资源信息库、人才资源交流平台、人才资源公共服务等功能于一体的多元化、综合性、专业型的共享人才资源数据库，使得人才共享工作更加精准、高效。

第六章　高效农业科研团队建设：绩效提升是目的

一、绩效管理基础理论

（一）绩效管理与绩效考核

1. 绩效

绩效指员工围绕所在岗位的职责而达到的结果，以及在结果实现过程中的行为表现。绩效一般包括两个方面：一方面指工作结果，相当于通常所说的业绩，如工作的效率、工作产生的效益或利润等；另一方面指影响工作结果的行为、技能、能力和素质等。因此，绩效既包括静态的结果内容，也包括动态的过程内容。两者相辅相成，结果是工作的最终目标，过程则影响和控制目标的实现。

绩效是组织期望的结果，是组织为实现其目标而展现在不同层面上的有效输出。绩效一般由 3 个层面构成：组织绩效、部门绩效、个体绩效，三者所包含的内容及其考评和管理方法也不尽相同。3 个层面中，个体绩效是根基，一般表现为个人的工作成果和工作过程；部门绩效是个体绩效的整合和放大，体现了组织整体目标在该部门的分解；组织绩效又是部门绩效的整合和放大。简而言之，组织绩效的实现，只有在组织目标按一定的逻辑关系被层层分解到部门，部门又将工作目标层层分解到每一个体工作岗位上，每个任职者都达到了组织的要求，这样才能实现。

2. 绩效管理

绩效管理是一个上一级管理者和职工持续不断双向沟通的过程，是在目标与如何达到目标而达成共识的过程，以及帮助员工成功地达到目标的管理方法。

在绩效管理实施的过程中，管理者不是单打独斗，员工也不是孤独的行者，绩效管理目标的实现需要管理者与员工的共同努力，离开任何一方，绩效管理都将流于形式，招致失败。绩效管理的实现首先需要管理者和员工就工作目标达成一致，其次管理者作为员工的辅导员、教练要帮助员工不断提高能力以使绩效目标得以达成，最终使员工达到绩效目标的要求，获得自身能力的提升，最大限度地激发职工的潜能。而绩效管理的终极目标就是提升员工的能力、激发员工的潜能。

绩效管理由4个环节组成。①绩效计划：确定组织对员工的绩效期望并得到员工认可的过程。②管理绩效：保证员工能够按照设定的目标，在规定时间内完成工作任务。③绩效考核。④奖励绩效：对考核结果进行多种形式的奖励和处罚。

3. 绩效评价

绩效评价就是指根据员工个人的绩效标准，对其当前以及过去的绩效进行评价。绩效评价结果能够为薪酬决策提供信息，为员工职业生涯发展规划提供依据，为管理者提升组织绩效提供可靠的参考信息。

4. 绩效管理的原则

一是公开开放原则。考核评价标准明确，最大限度地减少考核工作的神秘感。

二是公正客观原则。绩效考核要有理有据，同岗位的考核标准一致，考核评价结果一致，避免考核结果由考核者主观臆断及受考核者个人因素的影响，考核结果能反映职工的工作内容和成果。

三是系统连续性原则。绩效考核是连续性的管理行为，不断改进完善，以期帮助职工持续改进和提升绩效。

四是反馈改进原则。及时与被考核者进行沟通，告知考核结果，并听取被考核者意见。

5. 绩效管理基本流程

绩效管理的过程是一个循环，主要包括制定绩效计划和指标体系、绩效实施过程管理、绩效考核与评估、绩效反馈与面谈、绩效结果应用5个步骤。绩效计划是起点，绩效结果要应用。

（二）绩效计划制定

1. 绩效目标的内容

绩效目标包括绩效指标、衡量标准。绩效指标解决的是单位要关注“什么”才能实现其战略目标；衡量标准注重的是被评价对象需要在各个指标上做得“怎样”或完成“多少”才叫“好”或者“不好”。基层员工的绩效指标一般不超过10个。

2. 绩效指标的设计原则

绩效考核指标的设计符合SMART原则。

（1）明确的、具体的（Specific）。绩效指标要切中特定工作目标，适度细化，根据不同的情景而变化。

（2）可衡量的（Measurable）。绩效指标必须可量化或可以清晰描述行为，并且指标数据或信息是可以获得的。

（3）可达到的（Attainable）。绩效指标在被考核对象付出努力的情况下，是可以实现的，即跳一跳够得着。

（4）现实的（Realistic）。绩效指标是实实在在的，是可以证明和观察得到的，不是一种假设。

（5）有时限性的（Time-bound）。绩效指标中要使用一定的时间单位，即要设定完成这些绩效指标的截止时限。

3. 绩效指标的选择

选择合理的绩效指标，可以从以下几方面考虑。

（1）战略目标匹配。与单位发展战略及年度计划相匹配。

（2）充分沟通。必须与被考核人在对于考核指标的理解上达成一致。

（3）激励导向。让职工通过努力得到奖励和认可。

（4）当期利益和长期利益均衡。既要保证当期目标，又不能过度激励。

（5）客观和主观相结合。既尊重数据和事实，又尊重主观感受，无论是客观还是主观的指标，都应该是可衡量的。

（6）指标的有效性。评价指标所度量的结果要能正确反映工作绩效。

（7）指标的离散度。指标应该对职工的业绩差距有一定的区分度。

（三）绩效指标体系建设与优化

1. 绩效指标类型

为全面衡量工作过程与效果，关键业绩指标和重点工作指标需要综合使用。

（1）关键业绩指标。一般以定量的形式出现，如计划达成率、费用率、销售毛利率等。

（2）重点工作目标。一般以非定量的形式出现，如制度与流程建设、市场研究、技术策略制定等。

2. 关键业绩指标的选取程序

（1）确定初步指标体系结构，如业务类、重大任务类、周边类等。

（2）被考核部门负责人从指标库中选取指标并注明理由。

（3）周边部门和上级主观从指标库中选取指标并注明理由。

（4）会议讨论研究。

（5）与被考核部门负责人充分沟通，修改完善指标。

（6）对意见分歧较大的部门，召开专项会议，确定指标。

3. 重点工作目标的选取

把一些具有长期性、过程性、辅助性的关键工作纳入重点工作目标，作为对关键业绩指标的补充和完善。应注意以下几个问题。

（1）作为关键绩效指标的补充，不能和关键绩效指标内容重复。

（2）可用关键绩效指标衡量的工作领域优先考虑关键绩效指标，在无法科学量化的领域，再引入工作目标完成效果评价。

（3）只选择对单位价值有贡献的关键工作领域，而非所有工作内容。

（4）一般不超过 5 个。

（5）不同工作目标应针对不同工作方面，不应重复；而每个工作目标，应只针对单一的工作方面。

（四）科研团队绩效管理

科研团队是团队工作中比较特殊的一种，其绩效管理既有一般团队的共性，又有其特殊性。

1. 科研团队绩效管理的基本特点

科研团队的共同特点：一是团队成员学历高、能力强，科研团队成员普遍具有高学历，经过一定的实践后，成员主持和参与相关领域项目研究的能力普遍较强；二是科研领域日渐宽广，随着科技水平的普遍提高和技术需求的不断发展，科研团队所涉及的研究领域，不断向与行业相关的基础与应用相结合的领域拓展；三是科研工作具有风险性，投入与产出比很难测算，更难有一个准确的测算。

科研团队的绩效管理的特殊性：一是团队融合存在较大障碍，科研人员往往较多专注于自己的日常工作，对自身学术地位有较强的权威意识，对别人的质疑难以接受，这些特点可能让他们在专业领域能较好地潜心研究、研有所成，但也可能成为科研团队融合的障碍；二是科研思路创新和科研能力提升存在认知壁垒，科研工作要求不断创新，研究思路的创新是关键，但科研团队的研究思路往往主要依赖于领导者个人的知识积累和判断，容易造成研究思路跟不上实际需求，同时，一些团队成员担心传授知识和技术会危及自身的地位，不愿把自身知识和技术作为科研团队的共有财产而传授于人，既禁锢了自己也贻害了团队；三是科研成果的评价与成员的利益诉求容易发生冲突，研究成果是团队成员的共同结晶，但在成果评价时往往倾向于领导者或某些个人，很难完全做到按技术贡献和工作实绩的大小来评价。团队成员对评价结果的认可程度会对后续的工作热情和研究动力产生影响。

2. 科研团队绩效管理的主要问题

（1）绩效测评的维度难以确定。所谓测评维度，就是指项目中被确定为用于评价团队绩效高低的那些因素。一般而言，团队绩效的测评维度有定性和定量两个方面。现实中，对科研团队的绩效进行评价存在一个很难把握的问题。比如，一个大的项目往往被分成几个子项目，由不同成员来完成，如果用定量方法进行测评，就会出现某些成员完成项目个数虽少，但他们所完成的项目却是整个项目的支撑所在；若以定性方法测评，则会面临某些子项目对整个项目虽然只是起辅助的作用，但其工作量却很大。这两种情况都会对研究团队成员的工作积极性产生消极影响。因此，科研团队绩效测评维度的选择，到底是定性方法还是定量方法，还是定性与定量相结合，都需谨慎思考。

（2）绩效测评的指标难以细化和量化。如果说测评维度是从宏观方面确定考核因素的话，测评指标就是具体的、细化的、可操作的考核内容。理论上，指标越细化越能反映团队成员的工作业绩，越具体就越有可操作性，越能体现公平性，但实际操作中很难做到。比如，一个科研项目的最终成果是一本著作或一篇论文或一份报告，那么如何设置测评指标才能不失公平，才能使每位成员的劳动成果得到全面、准确地反映，是以团队成员完成内容的字数，还是撰写的具体部分在整体研究中的重要程度。如何做到测评指标与团队成员的自我评判相符合，工作业绩与报酬相符，这都是重要而困难的问题，需要团队领导者权衡各方利益和工作业绩来做出决定。

（3）绩效测评的过程很难做到公平合理。公平体现为纵向公平和横向公平。纵向上，科研团队的成员会比较不同时期业绩测评的结果；横向上，成员会比较同一团队其他成员的业绩测评结果。而合理是指团队成员的工作能力及工作价值是否得到真实反映，这本身就很难找到足够客观的标准。

（4）绩效测评难以形成相对稳定的运行机制。一个相对稳定的测评机制可以持续发挥对科研团队成员的激励作用。但实际上，科研团队面临的课题及项目在多数情况下都完全不同，此项目的考核方式、考核标准不一定适用于彼项目。而且，根据科研事业发展的需求，研究项目和内容，以及标准和要求也要与时俱进地进行调整，这都给科研团队绩效评价增加了难度。

3. 科研团队绩效管理的基本步骤

（1）*确立团队的愿景和目标*。建立明确的团队愿景和目标是打造高绩效科研团队的第一步。共同愿景是团队存在的基础，也是团队开展工作的前提。科研工作一般周期较长，目标较为长远、宏观，在确立科研团队目标时，可从几个方面着手：一是根据研究所的战略目标确定科研团队目标，再对目标进行阶段性分解，使每一个小目标都具体生动，以增强团队成员达成目标的信心；二是团队成员就目标广泛讨论，达成共识，增强成员对团队目标的认可度和接受度。

（2）*营造良好的沟通氛围*。科研工作特别需要团队合作，而合作需要通过有效沟通来发挥。有效的沟通能使团队成员迅速掌握各种信息和技术，从而使工作绩效得以提升，目标得以实现。营造良好的沟通氛围，必须在团队成员间培养相互尊重的自觉意识，当意见冲突时，应冷静下来，多听取对方的不同观点，求同存异，最终化解冲突，使问题得到圆满解决。营造良好的沟通氛围，还必须建立科研团队与外界组织畅通无阻的双向沟通渠道，使彼此清楚工作进展及资源需求，从而增强团队的科研实力。

（3）*建立客观公正的绩效测评体系*。科研团队的特点决定了对其成员工作绩效的衡量方式有别于对其他独立劳动者工作绩效的衡量方式。科研团队的贡献在短期内很难表现为具体的成果，对科研团队的绩效测评应该是多方面、多维度的，不仅关注短期效果，也应关注长期效益；不仅关注工作成果，也应关注工作过程和工作能力等因素；不仅关注个体成员的绩效，更应关注作为整体的团队的绩效。只关注个体成员的绩效，必然会导致团队成员间激烈的竞争，导致协作减少，甚至牺牲团队整体利益；相反，只关注团队整体绩效，则会出现团队成员“搭便车”的现象。科研团队绩效测评主体应多元化，可采用定性与定量考核相结合的方式。定量指标要具体可操作，需得到大多数团队成员的认可；定性采用360°评估模式，即除了团队上级主管之外，还要将团队内其他成员、使用科研成果的内外部客户作为评估主体，力求对团队及个体成员做出更加全面的评价。

（4）*建立富有竞争力的薪酬机制*。一个完善的奖酬体系是激励和保证团队获得更高业绩水平的保障。科研团队薪酬设计上应遵循“对内具有公平性、对外具有竞争力”的原则，无论是经济性报酬或非经济性报酬，其目的都在于激发员工的创造力和团队合作精神。因此，在薪酬设计上，应根据科研团队对组织的整体贡献进行首次分配，再根据团队成员的绩效在团队内进行二次分配。物质奖励可以用成果转化提成的方式来发放，精神的奖励可通过晋升、表扬、给予更有挑战性的工作等来激励。团队领导者可以给予优秀的科研人员一定的荣誉称号或者采用科研成果署名的方式来增加他们的工作成就感和荣誉感，充分体现科研人员的自身价值。

4. 影响团队绩效的主要因素

(1) 团队目标不明确。指团队领导以及团队成员未能充分了解团队的整体目标和阶段目标，未能充分了解与目标相匹配的工作范围、质量标准、预算和进度计划等方面的信息。目标不清楚，将导致团队成员在工作过程中盲目和无所适从，遇到挫折容易妥协，最终影响团队绩效。

(2) 团队领导不力。指团队领导不能充分运用职权和个人权力去影响团队成员的行为，带领和指挥项目团队为实现项目目标而奋斗。这是影响项目团队绩效的根本因素之一。团队领导不力使团队成员的信心降低，凝聚力下降，最终影响团队绩效。

(3) 团队成员的职责不清。团队成员的职责不清是指项目团队成员对自己的角色和责任的认识含糊不清，或者存在团队成员的职责重复、角色冲突的问题。这同样是影响项目团队绩效的一个重要因素。职责不清容易导致集体卸责现象的发生，最终影响团队绩效。

(4) 团队内缺乏沟通。团队内缺乏沟通是指团队成员对项目工作中发生的事情缺乏足够的了解，团队内部和外部之间的信息交流严重不足。这不但影响一个团队的绩效，而且造成项目决策错误和项目的失败。

(5) 团队激励不足。团队激励不足是指团队领导所采用的各种激励措施不当或力度不够，使得团队激励不够。这也是影响团队绩效的一个重要因素，因为这会使团队成员产生消极思想和情绪，从而影响整个团队的绩效。

(6) 制度不全，约束不力。指团队没有合适的规章制度去规范和约束项目团队及其成员的行为和工作，团队成员内部各行其是，松散无序。这同样是造成项目绩效低下的因素之一。

(7) 团队精神缺乏。团队精神缺乏是指团队成员缺乏内在的工作热情和动力，团队成员没有积极的协作意愿，团队失去凝聚力。这将严重影响团队绩效。

5. 如何提升团队绩效

（1）明确团队使命，制定清晰目标。组建团队之前，必须明确“团队为什么存在”。描述团队使命，以清晰阐述团队存在的意义。通常情况下，团队使命来源于组织的要求，因此可以通过理顺组织对新建团队的要求或明晰上级领导对新建团队的要求，来确定团队使命。

根据团队使命，制定团队目标。通常团队的目标必须服从组织的目标，是组织目标中一个特殊项的细化，而且目标的设定必须遵循 SMART 原则。根据目标制定具体的策略，明确其主要内容、目的、实施计划与时间表、组织方式、资源配置、负责人、考核方式等。同时，目标应有效地宣传，让团队内外的成员都知道，甚至可以把目标贴在团队成员的办公桌上、会议室里，以此激励所有的人为这个目标去工作。

（2）选择合适成员，实现技能互补。目标是通过人员具体实现的，所以人员的选择是团队中非常重要的一个部分。例如，柳传志的管理三要素，即搭班子、定战略、带队伍，搭班子处于首位，由此说明团队成员选择的重要性。团队成员的选择一般应遵循如下原则：①要选最适合的人，而不是选学历最高或工作经历最丰富的人；②要选有团队精神的人，不要选喜欢单打独斗的明星；③要选诚信务实的人，而不是选夸夸其谈的人；④尽可能选择价值趋同、性格和能力互补的成员。

（3）界定成员职责，实行主副分工。目标与策略明确后，细分每项职责，分别确定一名主要负责人，全权负责相应工作的计划与组织实施，对团队集体负责。同时，团队中应确定一名代理人，当主要负责人因故暂不能履行职责时，由代理人履行。这一策略应遵循如下两个原则：①成员需要并且必须了解他们真正的工作职责；②帮助每一位成员明确界定他们在实现目标过程中的增值角色。这里应关注两个关键词——灵活、界定。灵活，是因为随着环境的变化，每一个成员的职责也必须相应调整以适应变化的需要；界定，是因为每一个人都必须清楚地知道自己的职责、目标和工作权限。

（4）重视过程沟通，强调阶段管理。建立定期和不定期的团队沟通机制。团队中的每一位成员有责任将自己的工作进展随时反馈给团队领导，进行必要的沟通和调整。过程沟通是实施阶段管理的重要手段，也为绩效考核提供重要信息。

通过过程沟通来加强阶段管理，阶段管理的目标是保障团队计划按序进行。通常，在阶段管理中针对每位成员询问 4 个问题。①态度：有正确的态度和自信心吗？②知识：有相关工作的知识和经验吗？③技能：有应用知识和经验的相关技能吗？④外部障碍：有不可控制的外部障碍吗？由此来诊断团队阶段中出现的问题，然后有针对性地进行调整解决。

（5）注重细节培养，提升成员技能。细节决定成败。细节对于团队成败的影响也是同样重要的，要让团队成员的价值观趋同是很难或不可能的事，但是让团队成员注重相应的细节却很容易，通过细节培养，让成员间形成一种团队习惯。有人曾说过，行为决定习惯，习惯决定性格，性格决定命运。通过好的团队习惯的培养，将决定团队的命运。

细节培养是随时随地的，应使团队成员都养成随时与人分享知识和经验的习惯。一次谈话交流、一次会议沟通都是培养和提升成员技能的大好时机。另外，团队也应该有系统培养和提升员工技能的计划。通过以下 4 个方面的分析来确定培训需求：①团队发展的需要，指通过分析团队的愿景、目标和工作内容来确定培训需要；②团队文化的需要，指通过分析团队的使命、价值观等来确定培训需要；③个人培训需求调查，指了解团队成员的个人培训需求；④能力测评结果，指建立能力素质模型，通过能力测评判断成员的培训需求。培训资源的整合非常重要，除上述提到的内部培训，还应借组织力量引入外部培训资源。

（6）重视人际协调，避免关系冲突。团队冲突一般体现在 3 个方面：与工作内容和目标有关的目标冲突，与如何完成工作有关的过程冲突，集中在成员之间的关系冲突。研究表明，比较少的过程冲突和比较适度的目标冲突总能对团队绩效有积极的作用，因为这些冲突会刺激团队内的一些讨论，从而使团队做得更好，而关系冲突几乎对工作没有任何好处。因此，培养和谐的人际关系是团队通往成功的桥梁。

建立有效人际关系的 4 种关键方法。①形成有效的 360° 人际关系。不仅在工作中让成员有更多的接触，还应在生活中创造更多的机会让大家交流，如周末郊游、聚餐、开小 Party 等。②展现令人依赖的团队愿景。让成员感觉在团队中工作是一项荣幸的事，成员的心中先有团队，后有个人，那么大家在交往的过程都会以集体荣誉感为重，而忽略个人的不愉快。③建立开放、即时和有针对性地双向沟通。④培养团队协作精神。团队协作能力培养的 4 个关键点：尊重他人，能站在对方角度看待问题；和不同的人建立并保持积极的协作关系；在保证完成本职工作的前提下，能主动、积极帮助他人；鼓励、支持他人，让每个人感觉到自己在团队中的价值。

(7) 实施团队考核，坚持赏罚分明。清晰的标准引导团队前进，严明的赏罚保障目标实现。任何一个团队，在明确使命、愿景的同时，必须对团队业绩的考核有严格的赏罚制度。考核必须兼顾个人和团队，设立考核个人的指标，让团队成员之间形成竞争；设立考核团队的指标，又让成员之间形成协作。通常情况下竞争与协作是三七开，因为团队绝不宜过多鼓励内部竞争。

团队绩效考核可采用“过程控制点，结果控制面”的方式进行。所谓“过程控制点”，是指平时以直接奖励或扣罚金额的形式，奖励团队或成员在过程中的优秀表现或处罚其犯下的错误。过程控制具有高度的不确定性，同时也能收到强有力的警示效果。“结果控制面”，则是指从目标的达成率、时效性、质量、难易程度和对组织的影响程度来进行系统考核。团队的考核结果直接影响团队总体的奖金，然后结合团队业绩和个人业绩的考核结果，将奖金分配到个人。

团队绩效考核的注意事项：①赏罚制度必须事前约定，奖惩标准必须前后一致；②绩效标准必须得到80%及以上的成员认同；③不要相信绝对标准，任何考核结果都是相对的，关键是让成员感觉到公平、公正；④对团队和成员的考核结果必须直接或间接地反馈到每个成员，让大家明白做什么获得奖励，做什么会受到处罚，以明确团队的价值导向，同时制定持续改善的计划。

二、绩效管理总体情况

(一) 国家关于绩效管理方面的人才政策

科技部人才中心持续关注科技人才相关政策发布和修订情况，党的十八大以来，中央和部门出台的科技人才相关政策中关于绩效管理板块的内容总结如下。

1. 优化科技计划过程管理

以项目申报、评估、验收全过程管理优化减轻科研人员的“非学术性”负担。精简信息填报和材料报送，推行“材料一次报送制度”；减少检查评估，自由探索类基础研究项目和实施周期3年以下的项目以承担单位自我管理为主，一般不开展过程检查；合并财务验收和技术验收，推进检查结果共享。以服务科技人才创造性活动为目标优化科研经费管理。下放项目经费预算调整审批权限，简化预算编制科目和编制要求；提高项目间接经费比重，分档最高提升至60%；加大对人的绩效激励，转变“重物轻人”的观念，取消绩效支出比例限制，绩效支出向承担科研任务的中青年骨干倾斜；设立学术助理和科研财务助理专项经费，可从项目经费等渠道中列支；增强项目经费使用和报销的灵活性，项目剩余和结余资金允许结转使用；扩大经费包干制试点范围，不区分直接和间接用途，无须编制项目经费预算，绩效支出费用不设限制。

2. 以评价机制改革引领科技创新“风向标”

科技人才评价是人才培养、使用、激励的重要基础和前提，具有“指挥棒”和“风向标”的作用。近年来，我国以品德、能力、业绩和贡献为导向不断深化科技人才评价机制改革。坚决破除“四唯”，实行代表作评价，基于职业属性和岗位要求实行科技人才分类评价；深化“三评”改革，通过优化项目评审机制和建立科研机构分类绩效评估制度，加快推进科技人才评价改革落实落地；稳步推进职称制度、科技奖励制度及院士制度改革，扩大专家学者、用人主体及社会专业组织选人评人荐人权力；以专家举荐、创新创业大赛等多种方式完善科技人才发现遴选机制。

3. 以激励机制改革释放科技人才创新活力

加大科技人才激励是增强科技人才获得感、充分释放人才活力的重要途径。近年来，我国以增加知识价值为导向不断完善科技人才激励机制。通过优化工资结构、实行绩效工资和年薪制等多种灵活分配方式，不断增强科研人员的基本薪酬收入保障。通过加大科研经费绩效激励和奖励、提高职务科技成果转化收益比例、提高科技奖励额度、扩大“人财物”自主权、减轻税负等政策导向，推动科研人员的收入与岗位职责、工作业绩、实际贡献的联系越来越紧密，激励科技人才创新创造的政策环境有了明显改善。

（二）农业农村部的绩效试点探索

按照中央关于深化科技体制机制改革、推进科技领域“放管服”改革等一系列部署要求，推动中央级农业科研机构绩效评价改革，形成以主要职责任务为评价内容，以科技活动类型为分类依据的农业科研机构绩效评价制度，建立科学合理的评价机制，激发农业科研机构创新活力，农业农村部开展了中央级农业科研机构绩效评价改革试点工作，主要内容如下。

1. 科研机构绩效评价原则

（1）坚持目标导向。引导科研机构根据职责定位，聚焦能力提升，注重科技创新的科学价值、技术价值、经济价值和社会价值，建立科学合理的绩效评价体系和评价机制，提升科技资源配置和资金使用效益。评价工作要符合国家科技体制改革的方向性、遵循科技自身发展的规律性、体现农业科技发展的特殊性。

（2）坚持分类评价。结合科研机构职责定位，对科技创新活动按照基础前沿研究、公益性研究、应用技术研发 3 种类型进行分类评价。在绩效目标设定、评价指标选择、评价方法运用等方面，体现不同类型的科技创新活动特点。基础前沿研究类突出研究质量、原创价值和实际贡献等；公益性研究类突出实现国家目标、支撑行业发展和履行社会责任等；应用技术研发类突出成果转化、技术转移和经济社会贡献等。

（3）坚持分层实施。建立协同配合的工作机制，各司其职、分工负责、逐级落实，做好综合评价、年度抽查评价、自评和评价结果运用等工作。

（4）坚持促进发展。通过开展评价，促进科研机构发现履行职责和科技创新中的问题，完善绩效管理机制。加强评价结果运用，推动科研机构聚焦职责定位，优化科技资源配置，改进科研组织方式和管理机制，提高绩效水平。

2. 建立包括综合评价、年度抽查评价等类型的科研机构绩效评价长效机制

综合评价是涵盖职责定位、科技产出、创新效益等方面的全面评价，以 5 年为评价周期。年度抽查评价是指在 5 年期间，聚焦年度绩效完成情况、创新能力等重点方面开展的抽查评价，5 年期间实现中央级农业科研机构全覆盖。结合绩效评价总体要求，围绕中央级农业科研机构管理运行、科技创新，开展绩效执行监控。

3. 任务分工

（1）制定科研机构绩效评价有关文件。

（2）在会同部内有关行业司局、科研机构研究的基础上，审核科研机构主要职责任务。

（3）统筹协调科研机构绩效评价工作，指导监督目标单位组织开展所属科研机构绩效评价工作。

（4）组织或委托第三方评估机构开展中央级农业科研机构绩效综合评价、年度抽查评价，并形成部门评价报告。

（5）依据评价结果，按职责权限提出目标单位及科研机构人事管理、机构布局和科技资源配置的意见建议。

（6）组织开展相关宣传、交流和培训。

4. 目标单位开展的工作

（1）制订本单位绩效评价工作方案。

（2）根据不同科研机构职责定位，审定科研机构绩效目标、绩效指标，统筹推进本院项目评审、人才与团队评价、机构评估等工作。

（3）组织所属科研机构开展绩效执行监控工作。

（4）组织协调所属科研机构开展绩效自评，提交本单位科研机构绩效评价报告。

（5）配合开展本单位科研机构绩效综合评价和年度抽查评价。

（6）提出科研机构绩效评价结果运用方案并组织实施，同时按程序报备或报批。

（7）组织本单位绩效评价宣传与培训。

5. 试点科研机构开展的工作

（1）紧紧围绕本科研机构主体定位与核心使命，开展前期研究和组织动员工作。

（2）制定本科研机构绩效目标，细化、量化绩效指标，要体现项目评审、人才和团队评价的具体要求。

（3）制定本科研机构自评价工作方案，在目标单位指导下开展绩效自评，提交自评报告。

（4）配合做好绩效执行监控工作，并提交绩效评价相关数据、资料、材料等。

（5）根据绩效评价结果运用方案，对本科研机构的科研和管理工作进行整改。

（6）组织本科研机构开展绩效评价宣传与培训。

6. 以主要职责任务为基本评价内容

主要职责任务是指部属科研机构围绕部党组中心工作、行业重大科技需求和学科发展需要完成的重点科技工作。

7. 绩效目标和绩效指标

绩效目标是指科研机构在评价周期内为完成主要职责任务开展科技工作的预期结果。绩效目标包括 5 年综合绩效目标和年度绩效目标。绩效指标是对绩效目标的细化、具体化，是衡量绩效目标实现程度的考核工具。

（1）绩效目标、绩效指标制定应符合的标准。

1）导向明确。设定绩效目标，主要依据科研机构章程和主要职责任务、国家有关科技发展规划和政策、所属行业发展规划以及相关领域科技发展趋势等。

2）具体清晰。绩效目标和绩效指标应有推进和实现的时间节点，要指向明确，内容具体清晰，体现项目评审、人才和团队评价、机构评估等各方面具体要求，定量指标、定性指标应可比对、可落实、可评价。

3）科学可行。绩效目标的设定应充分考虑本科研机构国际国内定位、行业科研规律与自身基础条件等，符合客观实际且科学可行。绩效指标数据口径规范、资料易于采集。

4）分类制定。科研机构根据不同类型科技活动对主要职责任务分别制定绩效目标，5 年综合绩效目标和年度绩效目标应有机结合、有序衔接，通过年度绩效目标的积累递进，实现 5 年综合绩效目标。

（2）绩效指标分为共性指标和个性指标。

共性指标主要体现研究内容与国家需求的一致性、管理规范性、创新环境等科研机构一般性工作内容。

个性指标主要体现绩效目标完成情况、绩效目标完成效率、创新能力和创新贡献，按科技创新活动特点分为基础前沿研究、公益性研究和应用技术研发 3 种科技活动类型进行设置。基础前沿研究的标志性原创成果、公益性研究的标志性创新成果和应用技术研发的突破性应用技术创新成果原则上均不超过 10 项。

（3）绩效目标。

1）绩效目标完成情况。基础前沿研究类包括标志性原创成果水平、原创成果产出情况、支撑引领科学技术发展及科普情况等；公益性研究类包括标志性创新成果水平、创新成果产出情况、支撑引领农业农村发展及科普情况等；应用技术研发类包括突破性应用技术创新成果、应用技术创新产出情况、科技成果转化推广与科普情况等。

2）绩效目标完成效率。基础前沿研究类包括高水平原创成果产出增长情况、科技资源支撑效率等；公益性研究类包括高水平创新成果产出增长情况、科技资源支撑效率等；应用技术研发类包括成果转化收益增长率、科技资源支撑效率等。

3）创新能力。基础前沿研究类包括基础前沿研究能力等；公益性研究类包括对农业农村发展的支撑服务能力等；应用技术研发类包括对农业农村发展的支撑服务能力、科企合作能力等。

4）创新贡献。基础前沿研究类包括学术影响、对农业农村发展的贡献等；公益性研究类包括对本领域科技的带动和影响、对农业农村发展的贡献、服务对象和社会公众满意度等；应用技术研发类包括对本领域科技的带动和影响、对提升产业竞争力的贡献、服务对象和社会公众满意度等。

5）研究内容与重大科技需求的一致性、管理规范性和创新环境。包括研究内容与本领域农业农村发展重大科技需求的一致性，现代院所制度建立健全情况，项目、成果、人才和团队评价机制建立健全情况，重大事故或违纪违规违法等案件发生情况，科研诚信建设效果和创新环境满意度。

科研机构绩效评价指标满分100分。指标的权重：共性指标占30%，个性指标占70%。其中，个性指标中，体现科研机构主要科技活动类型的指标总赋分不低于60%。

立足科研活动的基础、条件、特色，选择科学、适用的评价方式，坚持定性和定量相结合，综合运用第三方专家诊断、用户评价、市场调查等方式。基础前沿研究类科技活动综合运用专家咨询、文献计量等方法，公益性研究类科技活动综合运用用户评价、调研座谈等方法，应用技术研发类科技活动综合运用市场调查、案例分析等方法。

目标单位组织所属试点科研机构自行制定指标体系，开展绩效执行监控和科研机构自评工作，邀请有关行业司局、同领域其他专家学者，以及农技推广机构、涉农企业等新型农业经营主体参与评价，形成自评报告。

组织或委托第三方评估机构开展绩效综合评价、年度抽查评价，吸纳有关行业司局、同领域其他专家学者，以及农技推广机构、涉农企业等新型农业经营主体参与评价，形成部门评价报告。

目标单位结合自评和部门评价报告，形成学科布局、人才队伍、平台条件建设等方面的优化调整方案，进行报备或报批。

科研机构优化调整方案经上级责任部门审定后反馈。

科研机构绩效综合评价和年度抽查评价结果实行计分制。根据得分情况分为优秀（90~100分）、良好（75~89分）、一般（60~74分）、较差（60分以下），共4级。

试点科研机构根据优化调整方案，围绕职责定位优化人才团队结构和学科布局，完善条件保障，改进科研组织管理，提高绩效水平。

绩效评价结果作为加强目标单位管理的重要依据。在科研机构领导人员调整、任期考核、学科方向调整、条件平台建设、绩效激励等工作中，强化评价结果的运用。

加强对科研机构绩效评价工作的统筹指导，吸纳有关行业司局、推广机构、涉农企业等新型农业经营主体参与评价工作，做好与科技领域“放管服”改革要求的衔接，赋予科研机构更大的自主权。依托农业农村部绩效管理信息系统，建立农业农村部直属科研机构绩效评价信息平台和数据库，提高评价的质量和效率，确保评价结果客观公正。

目标单位成立绩效评价改革领导小组，负责统筹协调所属科研机构绩效评价实施与监督相关工作。领导小组设工作组，由综合部门牵头，科技、人事、财务等部门参与，组织实施绩效评价改革，加强对科研机构的指导和监督，建立绩效执行监控机制。

目标单位应统筹推进绩效评价改革与项目评审、人才和团队评价、机构评估等相关改革，协调组织本院各类绩效管理工作，做好绩效评价改革与现有各类绩效管理的衔接，避免重复评价、交叉评价，减少科研机构管理负担。

试点科研机构应将绩效信息采集、分析等绩效评价基础性工作纳入日常管理。

三、绩效管理主要做法

（一）某科研单位绩效管理的主要做法

为正确评价科技人员的工作实绩和综合表现，充分调动职工工作积极性和能动性，提升单位科技创新水平与成果转化能力，某单位特制定科研绩效量化办法。

1. 考核对象

各研究组、在编在岗科技人员。

2. 考核范围

考核期内研究组和专业技术人员的科研业绩、科技服务、成果转化及综合表现等方面。

3. 考核原则

（1）客观公正原则。根据考核标准，实事求是地全面考核科技人员的工作表现，重点考核工作业绩。

（2）分级分类原则。在岗位聘任的基础上，坚持目标管理，实行分层分级考核。

（3）定量定性相结合原则。推行考核内容具体化、数量化，统筹兼顾，以评促改，持续改进。

4. 部门考核

部门考核以各研究组为单位，主要包括科研任务指标（A1）、科研成果指标（A2）、知识产权指标（A3）、论文与著作指标（A4）、科技交流合作指标（A5）、团队建设指标（A6）、科技成果转化与推广服务指标（A7）、院所重点工作（A8）。

5. 科技考核指标

（1）考核指标范围。

1）项目：获得国家级、省部级、院所级及横向联合项目（创收性项目除外）；通过验收/结题的科技项目。

2）成果：获得国家级、省部级及院级奖励的科技成果；被 SCI（科学引文索引）、EI（工程索引）和 ISTP（科技会议录索引）收录的论文，以及在国内重要期刊、国外期刊和国际会议论文集上发表的论文；通过评价的科技成果；公开出版发行的专著、编著、译著和科普读物；获授权的专利和审（认）定的植物新品种；通过国家登记的肥料、农药、添加剂等专有产品和获植物新品种保护权品种；制（修）订并获得批准颁布的国家标准、行业标准、地方标准和企业标准；被省级以上政府部门采纳的研究报告、调查报告等。

3）团队建设：获得荣誉称号的科研团队和个人；作为导师培养研究生、指导及组建科技创新团队等。

4）学术活动：主办、承办、参加各类学术会议、培训班，以及作为评审专家参与项目评审、验收、成果评价等。

5）成果转化收入和科技推广示范、基地收益等。

6）科技培训、科技下乡、科技公益、应急服务等。

7）院所重点工作，被列入年度院所重点工作的经费总量增长、预算执行、成果、技术、产品等考核指标。

（2）科技项目计分标准。科技项目计分标准以科技人员主持或参加获批立项科技项目、获批经费以及上报未获立项等积分组成。

计算公式为：$A_1=\sum X_iC_i+\sum Y_iC_i$。

式中：X_i——第 i 项科研项目的正式获批立项级别分值（基础分值+经

费分值)；赋值标准见表 6-1，科研项目分类见表 6-2。

C_i——第 i 项科研项目的单位参与系数，C 值若为一级承担单位赋 1，二级承担单位赋 0.8（须为课题主持单位），三级承担单位赋 0.3。

Y_i——第 i 项申报科研项目经推选上报未立项级别分值，赋值标准见表 6-1。

表 6-1　科技项目计分标准

项目级别		立项分值（分/项）	未立项分值（分/项）
国际、国家级项目	重点项目	200+0.8×Q	20
	一般项目	100+0.8×Q	6
	子课题	50+0.8×Q	5
	骨干及成员	20+0.8×Q	4
省部级项目	重大项目	100+0.8×Q	6
	重点项目	50+0.8×Q	5
	一般项目	20+0.8×Q	4
横向联合项目		10+0.8×Q	3
院所级项目		6+0.8×Q	2

表 6-2　科研成果计分标准

类别	级别	分值（分/项）
科技奖励	国家奖一等奖	20 000
	国家自然科学二等奖、国家技术发明二等奖、国家科技进步二等奖	5 000
	省级科技成果特等奖	1 200
	部、省级科技成果一等奖	900
	部、省级科技成果二等奖	450
	部、省级科技成果三等奖	200
	院市级科技成果一等奖	100
	院市级科技成果二等奖	75
	院市级科技成果三等奖	40
	全国社会力量类奖一等奖	100
	全国社会力量类奖二等奖	75
	全国社会力量类奖三等奖	40

（续表）

类别	级别	分值（分/项）
优秀论文	国家级	50
	部省级	25
	院所级	10
评价成果	国际领先水平	75
	国际先进水平	65
	国内领先水平	60
	国内先进水平	50
项目验收或结题	国家级科技项目会议验收	75
	国家级科技项目结题	50
	省部级科技项目会议验收	45
	省部级科技项目结题	35
	院市级科技项目会议验收	25
	院市级科技项目结题	15
标准	国家标准	100
	行业标准	50
	地方标准、企业标准	30
申报但未获奖励	国家级奖励	75
	省部级奖励	35
	其他奖励	15
成果登记	完成省级成果登记	5

（3）科技成果计分标准。科技成果计分标准以科技人员获得的院市级及以上科技成果、标准与奖励积分组成。

计算公式为：$A_2=\sum X_iC_iP_i$。

式中：X_i——第 i 项科技成果级别分值，赋值标准见表 6-3；同一成果同年度验收、评价、获取不同级别奖项，分值可进行累加。

C_i——第 i 项科技成果的单位参与系数，C 值若为第 1 完成单位赋 1，第 2、第 3 完成单位赋 0.5，其他赋 0.1。

P_i——第 i 项科技成果的个人参与系数，P 值第 1 完成人为 1，第 2、第 3 完成人为 0.5，第 4、第 5 完成人为 0.2，其他成员均计为 0.15。

（4）知识产权计分标准。知识产权计分标准以科技人员获授权的专利、通过国家登记专有产品权、植物新品种权、软件著作权等知识产权与奖励积分组成。

计算公式为：$A_3=\sum X_iC_i$。

式中：X_i——第 i 项知识产权级别分值，赋值标准见表 6-3。

C_i——第 i 项知识产权的单位参与系数，C 值若为第 1 完成单位赋 1，第 2、第 3 完成单位赋 0.5，其他赋 0.2。

表 6-3　知识产权计分标准

类别	级别	分值（分/项）
专利	国际授权专利	180
	国家发明专利	100
	国家实用新型专利	25
	国家外观设计专利	10
	中国专利金奖	900
	中国专利优秀奖	300
植物新品种	植物新品种保护权的品种	500
	国家审定品种	900
	省级审定或认定的品种	500
专有产品	农药、肥料、添加剂、兽药等	500
版权	软件著作权	30
	光碟制品版权	20

注：授权专利应按《环植所科技成果确权管理办法》（环植所发 201913），经产业发展部确权以后，才能计分。

（5）论文与著作计分标准。论文与著作计分标准以科技人员在各类正式刊物发表的学术论文、科普文章，经出版社出版的专著、编著、译著及科普读物等积分组成。

计算公式为：$A_4=\sum X_iC_iP_i+\sum Y_iC_iP_i$。

式中：X_i——第 i 项论文级别分值，赋值标准见表 6-4。

C_i——第 i 项论文与著作的单位参与系数，C 值若为第 1 完成单位赋 1；否则赋 0.5。

P_i——第 i 项论文与著作的个人参与系数，P 值第 1 作者和通信作者、主编（译）为 1，第 2 作者、副主编（译）为 0.5，第 3 作者、参编（译）为 0.3，其他作者为 0.1；所内有多个作者的只计算排名最靠前的作者。

Y_i——第 i 项著作级别分值，赋值标准见表 6-5；再版按 30% 计算。

表 6-4　学术论文计分标准

刊物类别		分值（分/篇）
期刊	*Nature*、*Science*、*Cell* 三大顶尖杂志	20 000
	IF 7.0 以上 SCI 收录期刊论文	200+50×IF
	IF 5.0~7.0 SCI 收录期刊论文	100+50×IF
	IF 2.0~5.0 SCI 收录期刊论文	50+50×IF
	IF 2.0 以下 SCI 收录期刊论文	30+50×IF
	EI、ISTP 收录期刊论文	40
	中文核心期刊论文、国外其他刊物	25
	一般学术刊物论文	10
研究报告	研究报告、调查报告	25

表 6-5　学术著作计分标准

著作类别	分值（分/部）
专著	10×Q
编著、译著	5×Q
科普读物	4×Q

注：Q 为学术著作的字数，单位为万字。

（6）科技交流合作计分标准。科技交流合作计分标准由科技人员主办或承办、参加各类学术会议、培训班，以及参与项目评审、验收、结题和成果评价等的次数的积分组成。

计算公式为：$A_5=\sum X_iC_i$。

式中：X_i——第 i 项科技交流合作级别分值，赋值标准见表 6-6。

C_i——第 i 项科技交流合作的单位参与系数；C 值若为举办、主办和第一承办单位赋 1；否则赋 0.3。

表 6-6　科技交流合作计分标准

类别	内容	分值（分/次）
主办或承办的学术会议或培训班	国际性学术会议、培训班	25×Q
	全国性学术会议、培训班	25×Q
会议报告、论文集	国际学术会议特邀报告	25×Q
	全国性学术会议特邀报告	25×Q
	国际学术会议小组报告	50
	全国性学术会议小组报告	25
	国际学术会议张贴墙报或展板	25
	全国性学术会议张贴墙报或展板	10
	国际学术会议论文集论文	25
	国内学术会议论文集论文	5
	院所级学术会议或论坛报告	10
专业评审、验收、评价	国际科技项目评审、验收、结题，成果评价	75
	国家级科技项目评审、验收、结题，成果评价	50
	省部级科技项目评审、验收、结题，成果评价	30
	院市级科技项目评审、验收、结题，成果评价	15
	研究生学位论文答辩	15

（7）团队建设计分标准。专业人才培养计分标准以科技人员作为导师培养研究生、指导客座人员及组建科技创新团队积分组成。

计算公式为：$A_6=\sum X_iP_i$。

式中：X_i——第 i 项人才培养级别分值，赋值标准见表 6-7。

P_i——第 i 项人才培养指导或带头组建科技创新团队的个人参与系数，P 值第一责任人为 1，第二责任人为 0.3。

表 6-7　专业人才培养计分标准

类别	级别	分值（分/人、个）
培养研究生	博士后	120
	博士研究生	80
	硕士研究生	40
指导客座人员	国外客座人员	40
	国内客座人员	20
培养创新团队	省部级科技创新团队	200
	院级科技创新团队	100

(8) 科技成果转化与推广服务计分标准。科技成果转化与推广服务计分标准以科技人员主持或参加的科技成果转化收益、科技推广示范、科技培训、科技指导（公益服务）等积分组成，赋值标准见表 6-8。

表 6-8　成果转化与科技服务计分标准

类别	级别	分值
科技成果转化	科技成果转化收入	每××元计 1 分，分数保留 2 位小数
科技培训	国外现场科技培训	0.2 分/人次
	国内现场科技培训	0.1 分/人次
	网络、电视、电台科技培训	8 分/网络培训班/次、12 分/电视台培训/次、8 分/电台培训/次
科技下乡	国外组织科技下乡	1.5 分/天
	国内组织科技下乡	1 分/天
科技推广	入选省部级主推技术	50 分/项
成果转化、乡村振兴	获院奖或表彰	20 分/团队、10 分/个人
	获省部奖或表彰	50 分/团队、25 分/个人
	获国家级奖励	100 分/团队、50 分/个人

(9) 院所重点工作计分标准。被列入院级和所级年度重点工作的科研项目、成果、技术、产品等考核指标。

计算公式为：$A_8 = \sum X_i C_i$。

式中：X_i——第 i 项重点工作级别分值，赋值标准见表 6-9。

C_i——第 i 项重点工作的参与系数。C 值若为单独完成则赋 1；若由 n 个部门完成（$n>1$），则为 $1/n$。

表 6-9　院所重点工作计分标准

重点工作类别	分值（分/条）
单位责任目标	100
院级重点工作	75
所级重点工作	50

(10) 参与撰写重要报告等材料计分标准。参与撰写所内重要报告等材料，由各综合业务处室提出完成材料的清单及加分明细，由会议研究确定。

（二）某科研单位绩效评价的优化实践

按照统一部署，某研究所聚焦单位主要职责任务和核心使命，制定了《绩效评价改革工作方案》和绩效评价指标体系，并完成了5年的综合评价、自评工作以及第三方评价。为深化改革，进一步发挥农业科研国家队的骨干引领和支撑作用，根据有关要求，在前期工作基础上，制定优化调整方案。

1. 总体思路

以习近平新时代中国特色社会主义思想为指导，围绕加快建设创新型国家的目标，按照中央关于深化科技体制机制改革等一系列部署要求和农业农村部关于中央级农业科研机构绩效评价改革要求，围绕主体定位与职责使命，坚持强管理、搞创新、出成果的理念，着力提升科技创新能力、创新效益以及对乡村振兴和农业农村现代化的支撑引领能力。

2. 工作目标

紧抓建设国家热带农业科学中心机遇，进一步强化基础性、公益性、引领性职责，聚焦产排胶生物学基础、种质资源收集、保存、评价与创制、遗传育种研究、栽培研究、资源与环境研究、机械装备与加工技术研发和产业突发问题应急攻关等主责主业，开展科学研究与技术集成与示范，完善学科布局，优化团队建设，科学配置资源，增强条件保障，实现人才、项目、平台、资金统筹布局，配套科学完整制度体系和激励机制，打造世界一流的科技创新中心，为我国产业高质量发展提供重要科技支撑。

3. 工作任务

（1）做好顶层设计，增强使命意识。围绕国家战略需求，紧跟世界科技前沿和科技发展趋势，结合所职能定位和主要职责任务，制定所章程、“十四五”发展规划、“十四五”科技发展规划和内部控制规程，做好顶层设计，继续强化种质资源收集、保存、评价与创制的工作，加强产排胶生物学基础研究、遗传育种、栽培与资源与环境等公益性研究，兼顾产业急需机械化装备与加工等应用研发方面的研究。

（2）调整科研体系，突出自身特色。聚焦所的主体定位和7项主要职责任务，全面开展所内设管理体系与科研体系的调整工作。管理体系调整为5个管理处室、1个产业发展部，规范所内运行管理的同时直接对接产业需求。以强化“所—研究室—课题组”三级管理模式为目标，调整科研体系，新设12个研究室、27个课题组，强化基础前沿与公益性研究方面的学科布局，涵盖种质资源收集与育种技术、转基因与组织培养技术、乳管发育与胶乳代谢、栽培与生态、植物营养与土壤肥料、排胶机理与采胶技术、死皮机理与防控、胶乳质量控制与初加工、生产机械装备与木材综合利用等全产业链各研究领域。加强研究室的科研管理职能，充分发挥研究室在项目组织、成果策划、队伍建设、对外交流等方面的组织决策作用，赋予科技人员更大的自主权。

（3）建好人才队伍，优化资源布局。以解决“高精尖”人才短板为核心，以全产业链技术升级为需求，加大人才引培工作力度。一是通过谋划全局、把握方向、制定政策、营造环境、提供服务等，为人才健康成长和充分发挥作用提供更有力的支持和服务。二是从政策制定、力量布局、推进方法等方面，系统谋划好“十四五”人才发展规划。三是以实施重点人才工程为抓手，推动人才工作的全面落实。坚持“紧缺人才优先培养，年轻人才加紧培养，拔尖人才重点培养”的方针，采取“以老带新”、进修培训等方式促进人才的全面成长。统筹做好人才的培养、引进、使用等各个环节工作，提高总量、盘活存量。四是把工作着力点放在自主培养和自我发展上，为现有人才创造好的创业平台，激发他们的主动性和创造性。五是按照学科领域，调整人才布局，实现人才优化配置。瞄准前沿，加大基础研究的高水平创新团队的选拔和培养；瞄准关键，以提质增效为目标，大力支持和培养领军人才；瞄准管用，加强集成创新，大力推进应用开发人才队伍建设。六是建立、完善优秀人才脱颖而出的用人机制、激励机制和考评机制，为各类人才创新创业和发挥作用创造更宽松的环境。

（4）搭建创新平台，强化条件保障。充分利用国家某产业技术体系的科技力量，发挥国家种质资源圃、国家育种中心等创新平台的功能，支撑基础前沿与公益性研究提升。进一步拓展国内外科技合作平台建设，协同开展科技创新与人才培养，搭建优势互补、成果共享、合作共赢的联合创新基地。加强与 IRRDB（国际橡胶研究与发展委员会）、CIAT-Bioversity（国际热带农业中心-国际生物多样性中心）等国际组织的合作，积极建设国际科技合作平台，巩固并提升单位在科技领域的世界话语权和国际影响力。

（5）创新管理制度，发挥引领作用。创新管理制度，健全运行管理机制，逐步建设现代研究所治理体系，在优化管理运行机制上下大力气，修订章程、内部控制规程和工作规则，完善内部管理结构，建立高效运行管理机制。强化管理对科研活动的服务功能，突出效益导向，进一步释放服务机构效能。制（修）订科研管理、行政管理、人事管理、财务管理以及条件保障等一系列的管理制度，促进绩效评价指标体系的分类引导作用的发挥，逐步实现基础前沿、公益性研究与应用技术研发 3 类科技活动与产业的关联度和贡献度。

（6）突出需求导向，优化指标体系。以产业需求为导向，重点加强理论基础与公益性研究，强化两者间关联度，在机理上破解产业瓶颈问题，科技支撑产业发展。目前，单位已在科研体系布局方面进行了调整，增强了在基础前沿、公益性研究方面的力量。因此，保持 3 类科技活动在指标体系的赋分值，根据后期科技发展的进程再对具体赋分标准进行调整。

4. 进度安排（略）

5. 保障措施

（1）加强组织领导。按照上级部门的统一部署和要求，在绩效评价改革试点领导小组的指导下，落实优化调整方案，推进落实科研布局、科研管理、人事管理、绩效评价等工作，最大程度激发全所科技人员的创新活力。

（2）强化机制建设。以问题为导向，充分利用绩效评价改革试点工作契机，制定完善科研、人事、财务、条件保障与成果转化等管理制度，将绩效目标任务层层分解落实到年度工作中，强化内部控制规则，完善管理制度体系和运行机制，建立科学合理的现代科研所绩效评价体系。

（三）高绩效工作系统的路径探索

杰克·韦尔奇说过："我们的活力曲线之所以能有效地发挥作用，是因为我们花了 10 年的时间在企业里建立了一种绩效文化。"这句话道出了 GE 公司能够保持基业长青的真谛所在。绩效文化是绩效管理的灵魂，战略绩效管理体系需要一个高绩效文化土壤的培育。高绩效文化可以有效地激励人力资源，通过人将物质资源、知识资源、资本资源和基础设施向组织财富进行最大化转变。从高绩效工作系统研究入手，探索高绩效文化的建设途径，从而更好地探索绩效管理的途径。

1. 通过文献调研，梳理和分析我国企业的高绩效工作实践

张徽燕团队采用元分析法，对 53 篇相互独立研究中国情境下 HPWS（高绩效工作系统）与企业绩效关系的可用于元分析的实证文献进行了分析。结果表明：在中国情境下各高绩效工作实践与企业绩效的相关性由高到低依次为信息分享与沟通、绩效考核与管理、薪酬激励、劳动纪律管理、员工培训、招聘选拔、工作设计和参与管理、员工关系。邸燕如团队采用了访谈、二手案例和文本分析等方法，通过对 25 名企业资深管理人员进行访谈，对 45 家高绩效企业人力资源管理案例进行分析，归纳出 8 个方面的中国高绩效工作实践，包括基于价值观、能力素质的招聘选拔体系；重视系统化的培训开发；以结果为导向的绩效考核体系；基于绩效的激励性薪酬体系；强调制度流程的约束和严格的纪律管理；主要采用内部晋升实现事业激励；重视企业文化建设；注重人力资源管理与企业战略相匹配。

根据 AOM 模型，将上述 8 个方面的内容归纳整理如表 6-10 所示，发现本土化后的高绩效工作系统在“员工参与机会”这一要素上存在差异，即信息分享与沟通、工作设计和员工参与管理实践在中国实践方面存在不同观点。而“制度流程约束和纪律管理”或“劳动纪律管理”等管理实践是西方相关研究中未曾出现过的。这一研究结果表明，本土化的高绩效工作实践的确与传统的西方管理实践存在差异，能够进行人力资源管理体系内容方面的优化调整，同时本土化的高绩效工作系统也对企业文化建设、人力资源管理与企业战略相匹配方面提出了更高要求。

表 6-10　我国企业的高绩效工作实践与 AOM 模型对照表

序号	AOM 模型要素	重点实践 1	重点实践 2
1	改善员工能力	招聘选拔	招聘选拔体系
		员工培训	培训开发
2	员工动机	绩效考核与管理	绩效考核体系
		薪酬激励	薪酬体系
		员工关系	职业发展通道（内部晋升）
3	员工参与机会	信息分享与沟通、工作设计和参与管理	—
4	其他	劳动纪律管理	制度流程约束和纪律管理
		—	企业文化
		—	人力资源管理与企业战略相匹配

高绩效工作系统需要相应的组织文化与之相匹配，才能更好地发挥作用。通过文献调研得出以下定义，高绩效企业文化是指通过营造良好

的文化氛围、充分发挥员工的创造性思维能力而建立起来的一种有机的、符合人性的、能增强群体凝聚力、提高企业竞争力从而促进组织持续发展的先进文化。它能够为组织发展提供源源不断的精神动力。在这样的文化中，员工会想方设法提高个人能力来提升绩效，组织会依据绩效对员工进行评价，员工的薪酬、奖励、晋升均依据绩效而非领导者的主观判断。

2. 农业科研单位的高绩效文化的构建

农业科研单位与企业的运行模式不同，但随着市场化进程的不断推进和事业单位分类改革的势在必行，农业科研单位也迫切需要在绩效管理方面有所作为，打破大锅饭，学习先进的人力资源管理理念和模式，更好地实现人员激励，推进科研单位的创新发展。

中国科学院《关于科学理念的宣言》中提到，以创新为民为宗旨，以科教兴国为己任，是中国科技界共同的责任和使命。创新是科研工作的持续驱动力，求是是对科研真理的目标追求。作为农业科研单位，同时还肩负着服务“三农”的历史使命，要树立单位的核心理念，打造适合农业科研单位发展的高绩效文化。绩效文化的核心是绩效思想，好的绩效思想可作为员工的积极导向，进而形成有效的绩效目标，把员工的绩效思想用制度规定下来，通过目标超越自我。另外，还要规范科技活动的价值取向、把握时代脉搏，充分调研和掌握广大职工的思想状况，以思想感情凝聚为主线的凝聚力工程建设着手，凝练与农业科研单位的定位、战略目标和使命相适应的理念和价值观。

高绩效文化的构建流程如图 6-1 所示，即组织战略—理念整合—价值观建设与传承—工作环境—建设激励体系建设并固化成制度。以中国热带农业科学院为例，作为农业农村部国家级热带农业科研机构，创建 60 多年来，始终承担着当好热带农业科技创新的“火车头”、促进热带农业科技成果转化应用的“排头兵”和培养优秀热带农业科技人才的“孵化器”的重任。

3. 对策建议

（1）*建立激励创新的核心价值观*。规范科技活动的价值取向，以实现农业科研单位发展的战略定位和科技创新目标作为创新文化建设的立足点和着眼点、加强对农业科技价值观的引导和培育。增强科技人员的竞争意识和创新意识，增强对农业科技发展的主动设计，科研上少些模仿跟踪，多些自主创新，促进高绩效文化与科研活动的良性互动。

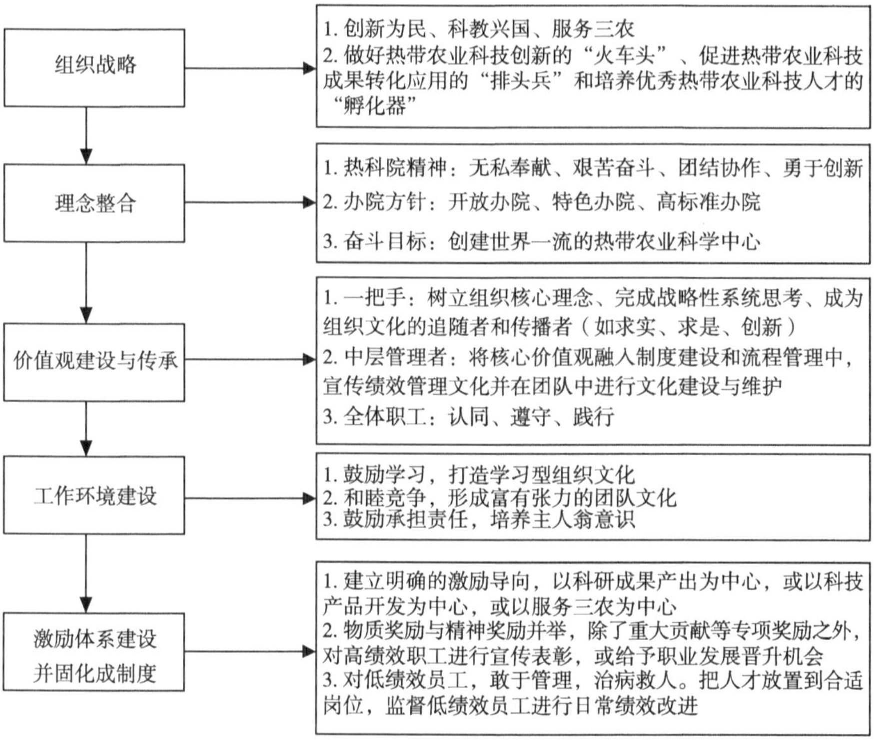

图 6-1　高绩效文化的构建流程及要点

（2）培育以人为本的团队文化。根据马斯洛的需要层次理论，人类的多种需要可归纳为生理需要、安全需要、社交需要、尊重需要、自我实现需要。农业科研单位要充分尊重科研人员的发展需要，做到以人为本，同时建立和睦竞争的团队文化，有竞争也有协作，做到协同创新，实现良性循环，围绕自身的特色和学科优势，培育创新团队。

（3）树立追求高绩效的发展理念。农业科研单位要提倡踏实求真务实的科研作风，控制浮躁和急功近利的倾向，将论文写在大地上，让成果开在田间地头，让科研紧跟农业需求，紧跟时代召唤，解决地区农业生产重大关键技术和核心技术；高绩效文化贯穿于人力资源管理的全过程，人才招聘、培养、选拔、考核、激励都均以绩效文化为导向。

（4）强化高绩效文化的制度化建设。领导者带头践行高绩效文化，并持续进行传播，让农业科研单位的文化和核心价值观深入人心，让职工的实际业绩与组织激励导向一致。注重团队和个人的激励，并将激励方式固化形成制度，成为团队、职工的行动准则和行为规范，成为组织运行管理不可或缺的一部分。

(5) 积极促进职工的参与管理。随着我国科研体制改革的推进，组织结构扁平化、工作重心下沉到基层的现实必然加快职工参与管理的步伐。农业科研单位要广泛授权和职工参与管理，建立畅通的沟通渠道，鼓励职工提出新的想法，鼓励职工主动承担责任，自发地提出合理化建议，让职工有更多的自主意识、参与决策，提升能力，从而促进组织绩效持续改进和不断提高。

第七章　高效农业科研团队建设：条件支撑是保障

一、高效农业科研创新团队的支撑平台

高效农业科研创新团队的建设依赖于 4 个支撑平台。

1. 人才平台

农业科研单位因为行业自身的特点，在团队创建中要求有一名学术骨干作为领导，由一定规模的成员组成，成员要具有比较明显的专业优势。成员之间要团结协作，互补互助，形成联盟体。团队要有领导核心力，有合理的人才结构、专业结构，团队管理要具有专业战略意识。

2. 学科建设和项目支撑平台

科研机构创新团队要有学科专业平台，就是要有自己擅长的科学研究，具有一定的稳定性和持续性，在此基础上进行创新研究，创造出具有一定影响力的科研成果。团队研究目标明确，具有鲜明的专业优势。

农业科研机构服务的对象是“三农”，研究成果的推广具有非常现实的意义。这就要求团队创建一定要有实际工作经验，有具体的项目技术，并且已经形成非常稳定而持续的研究领域和项目研究方向，重点是开展对未来发展有重要促进作用的项目研究和创新。因为团队擅长某一专业方面的研究与创新，所以团队成员内部对研究目标达成共识的基础上，还可以与其他团队实现资源共享，从而促进自己团队研究项目的深入研究，扩宽研究领域，实现创新价值。

3. 实验条件平台（仪器设备）

任何一项科学研究都需要具备一定的实验条件，投入资金购进仪器设备。农业科研也同样，要有创新团队进行科学研究，就必须具备相应的实验条件。同时因为农业科研项目不仅仅是在实验室中进行，它还要把科研成果推广到具体的农业生产之中，要走入田间地头，要在自然条件下继续进行验证，这就更需要有相应的实验条件来保证。要从人力、物力和财力等方面全方位地加以投入，购入需要的设备，改造原有实验室，加快基本设施设备的

更新淘汰等。此外，还要加强网络信息化建设的投入，配备实验所需的设施设备，为创新团队的科研工作提供实验支撑平台。

4. 文化与管理制度平台

文化建设是一个团队的灵魂建设。团队创建过程中，因为成员之间的总的奋斗目标是统一的，所以成员之间可能具有相同或相似的文化背景和知识结构，具有共同的价值观和职业道德观，能够认同团队的管理制度。作为科研机构有着不同于其他机构的文化内涵和较为完善的管理制度，这些都是团队的文化管理支撑。

而条件支撑主要指规划学科建设和项目支撑平台、完善实验条件平台，这是高效农业科研创新团队建设的基本保障。学科建设平台包括科技创新、科技支撑、科技服务等 3 类平台；实验条件平台除了仪器设备，还包括科研基地建设（综合性、专业性试验基地、示范基地和产业化基地）。如何利用条件支撑创建和优化农业科研创新团队，有以下几点意见。①鼓励农业科研创新团队与科研基地、学科建设紧密结合，依托科研基地和重点学科建设高效农业科研创新团队，支持跨学科跨领域组建科研创新团队。②依托良好的科研条件平台和完备的仪器设备条件，以国家（部、省）重点实验室、改良中心、工程中心、检测中心、试验台站等作为创新团队建设的支撑条件。③科研创新团队是以项目为纽带形成的，必须要有长期稳定的研究方向，争取足够的项目和经费。

二、中国热带农业科学院的条件支撑

中国热带农业科学院现有儋州、海口、湛江 3 个院区，正在筹建广西、广东、云南、贵州、三亚 5 个分院，拥有国家重要热带作物工程技术研究中心、海南儋州国家农业科技园区、国家热带植物种质资源库、农业农村部综合性重点实验室等 88 个部省级以上科技平台和 5 个博士后科研工作站，先后与 16 个国际组织、37 个国家和地区的科研和教学单位建立了长期稳定的合作关系，建有 8 个不同类型的热带农业科技国际联合实验室或研究中心、13 个境外农业试验站。良好的科研条件平台为科研创新团队的建设提供了很好的支撑平台。

中国热带农业科学院先后承担了“863 计划”“973 计划”、国家科技支撑计划、国家重点研发计划、国家重大科技成果转化等一批重大项目和联合国粮食及农业组织（FAO）、联合国开发计划署（UNDP）、国际原子能机构

（IAEA）等国际组织重点资助项目，稳定而充足的项目也为科研创新团队的建设提供了保障。

中国热带农业科学院建有科研试验示范基地6.8万余亩，器材室以及玻璃温室大棚等科研辅助用房仅4.5万米^2，自有各类试验示范基地105个，院外试验示范基地107个，科研仪器设备1万多台（套），价值5.8亿元。建有各种种质圃、植物标本展示园和观察站等共计0.1万多公顷，为全院农业科研创新团队的建设提供了很好的条件平台支撑。试验示范基地具体情况见表7-1。

表7-1 中国热带农业科学院科研基地情况汇总

序号	用地名称	面积（亩）	所在地点	备注
1	能源木薯新品种研究试验基地	100	热科院儋州院区	
2	水稻科研试验基地	12	热科院儋州院区	
3	热带牧草试验基地	35	热科院儋州院区	
4	热带花卉试验示范基地	150	热科院儋州院区	
5	蔬菜八队试验基地	25	热科院儋州院区	
6	蔬菜科技园试验基地	10	儋州国家农业科技园	
7	蔬菜五队试验基地	120	热科院儋州院区	
8	农业农村部儋州热带药用植物种质资源圃	85	热科院儋州院区	
9	辣木基地	27	热科院儋州院区	
10	果树改良中心	370	热科院儋州院区	
11	花卉中心科技园试验基地	30	儋州国家农业科技园	
12	种苗繁育和栽培示范基地	50	热科院儋州院区	
13	农业农村部儋州热带牧草种质资源圃及试验基地	200	热科院儋州院区	
14	农业农村部儋州木薯种质资源圃	100	热科院儋州院区	
15	农业农村部儋州芒果种质资源圃	71	热科院儋州院区	
16	腰果种植资源保存基地	10	热科院儋州院区	
17	儋州腰果基地	2	热科院儋州院区	
18	花卉中心八队种质圃	20	热科院儋州院区	

（续表）

序号	用地名称	面积（亩）	所在地点	备注
19	蔬菜植物园对外展示基地	2	热科院儋州院区	
20	热带牧草良种繁育基地和草品种区试试验站（昌江）	1 000	海南省昌江县十月田	
21	橡胶园间作优良柱花草试验基地	120	海南省八一农场	
22	海南白沙天堂香蕉标准化生产示范园	1 000	海南白沙天堂村委会道拉村	
23	畜牧科研基地	80	两院十队奶牛山	
24	海南黑山羊健康养殖示范基地	600	那大牙拉	
25	海南黑山羊健康养殖示范基地	800	儋州木棠镇	
26	和牛养殖示范基地	3 000	澄迈文儒镇	
27	海南黑山羊健康养殖示范基地	300	万宁礼纪镇	
28	陵水精品西瓜设施基质栽培试验示范基地	80	陵水英州	
29	万宁李杰有机蔬菜试验示范基地	30	万宁	
30	澄迈辉隆观光蔬菜试验示范基地	30	澄迈大拉基地	
31	牛大力示范基地（白沙）	27	白沙牙叉镇	
32	牛大力示范基地（东方）	280	东方江边乡	
33	农业农村部乐东腰果种质资源圃	150	乐东县利国镇	
34	昌江腰果基地	30	昌江县南罗镇	
35	橡胶树无性系初级系比区	5	热科院儋州院区	
36	橡胶树无性系高级系比区	60	热科院儋州院区	
37	全周期间作胶园基地	120	热科院儋州院区	
38	木材野外埋地实验场	10	热科院儋州院区	
39	标准胶乳采样基地	2	热科院儋州院区	
40	砧木科学实验及其重要材料长期保存基地	10	热科院儋州陆区	
41	死皮综合防治示范基地	20	热科院儋州院区	
42	橡胶树无性系高级系比区Ⅱ	100	热科院儋州院区	
43	橡胶树无性系高级系比区Ⅰ	100	热科院儋州院区	

（续表）

序号	用地名称	面积（亩）	所在地点	备注
44	农业农村部儋州热带作物科学观测试验站	100	热科院儋州院区	
45	橡胶园土壤肥料试验定位监测基地	110	热科院儋州院区	
46	试验场大田保水剂试验基地	10	热科院儋州院区	
47	橡胶树育种中心	70	热科院儋州院区	
48	金富队橡胶树无性系生产系比区	30	热科院儋州院区	
49	红城队橡胶树无性系高级系比区	250	热科院儋州院区	
50	天然橡胶保护性栽培试验基地	43	热科院儋州院区	
51	红卫队油棕引种试种园	50	热科院儋州院区	
52	三队油棕引种试种园	50	热科院儋州院区	
53	儋州油棕区域性试种基地	125	热科院儋州院区	
54	自根无性系种植示范基地	53.8	热科院儋州院区	
55	速生丰产示范基地	1 837	热科院儋州院区	
56	橡胶草湛江种质保存与繁育基地	6	湛江南亚所内	
57	国家橡胶树种质资源圃	140	热科院儋州院区	
58	橡胶树种质资源大田鉴定圃	350	热科院儋州院区	
59	油棕种质圃	300	热科院儋州院区	
60	橡胶树良种苗木繁育基地	580	热科院儋州院区	
61	中国橡胶第一育种站保护区	20	热科院儋州院区	
62	八一五方潭橡胶树有性系比区	20	八一五方潭	
63	儋州美万新村新技术综合应用示范基地	60	儋州美万新村	
64	新龙村橡胶栽培示范基地	150	海南儋州	
65	儋州市茶山村科学施肥示范基地	300	海南儋州	
66	儋州市美万新村综合栽培示范基地	300	海南儋州	
67	冯宅村民营胶园综合管理示范基地	200	海南屯昌	
68	田头村民营胶园综合管理示范基地	200	海南定安	
69	红茂村黎族橡胶种植示范基地	200	海南白沙	

（续表）

序号	用地名称	面积（亩）	所在地点	备注
70	东方大田保水剂节水抗旱试险示范基地	1 000	海南东方广坝	
71	琼中县黎母山镇荣木村示范基地	150	海南琼中	
72	琼中县营根镇什那南村示范基地	100	海南琼中	
73	定安县黄竹镇白塘村示范基地	150	海南定安	
74	白沙县牙叉镇道阜村示范基地	150	海南白沙	
75	大丰橡胶树品种区域适应性试种示范基地	152	海南阳江大丰农场	
76	新中橡胶树品种区域适应性试种示范基地	150	海南万宁市新中农场	
77	龙江橡胶树品种区域适应性试种示范基地	120	海南龙江红星农场	
78	海南万宁新中死皮综合防治示范基地	50	海南万宁新中分公司	
79	海南乐东山荣死皮综合防治示范基地	50	海南乐东山荣分公司	
80	海南东方广坝死皮综合防治示范基地	50	海南东方广坝分公司	
81	广东汕尾橡胶树栽培与割胶技术示范基地	500	广东汕尾	
82	广东湛江死皮综合防治示范基地	60	广东湛江五一农场	
83	云南版纳死皮综合防治示范基地	30	云南西双版纳热作所	
84	云南瑞丽死皮综合防治示范基地	30	云南瑞丽嘎中、莫里	
85	云南河口死皮综合防治示范基地	20	云南河口坝洒农场	
86	云南保山抗旱、抗寒试验示范基地	1 100	云南保山市隆阳区杨柳乡	
87	云南勐腊橡胶树新品种区域适应性试种示范基地	400	云南景洪市勐腊农场	
88	云南东风橡胶树新品种区域适应性试种示范基地	250	云南景洪市东风农场	
89	云南孟定橡胶树新品种区域适应性试种示范基地	100	云南孟定县孟定农场	
90	橡胶草新疆种质保存与种植基地	10	新疆农业科学院伊犁农科所	

（续表）

序号	用地名称	面积（亩）	所在地点	备注
91	橡胶草西藏种植基地	10	西藏农牧院质标所	
92	橡胶草内蒙古种植基地	10	内蒙古多伦县科技教育局	
93	橡胶草黑龙江种植基地	10	黑龙江科学院大庆分院	
94	农业农村部热带香料饮料作物种植资源圃	130	万宁市兴隆镇	
95	农业农村部万宁胡椒种质资源圃	20	万宁市兴隆镇	
96	中国热带农业科学院香料饮料研究所万宁市兴隆热带特色作物资源收集与保存基地	312.6	万宁市兴隆镇	
97	万宁市长丰试验基地	23.26	万宁市万城镇	
98	中国热带农业科学院香料饮料研究所万宁市高龙试验示范基地	84	万宁市南桥镇高龙管区下园坡	
99	中国热带农业科学院香料饮料研究所万宁市兴隆香辛饮料作物试验示范基地	97	万宁市兴隆镇	
100	中国热带农业科学院香料饮料研究所琼海市大路镇试验示范基地	280	琼海市大路镇	
101	胡椒园间作槟榔示范基地	20	琼海市大路镇	
102	槟榔间作香草兰示范基地	5	保亭县保城镇	
103	五指山槟榔间作香草兰示范基地	20	五指山市	
104	海南省万宁市兴隆镇咖啡标准化生产示范园	100	海南省万宁市兴隆华侨农场	
105	澄迈咖啡标准化栽培示范基地	100	海南省澄迈县福山镇	
106	三亚田桥咖啡间种槟榔示范基地	200	三亚市田独镇	
107	南林农场红英队咖啡间种槟榔示范基地	50	万宁市南林农场	
108	兴隆咖啡有机种植示范基地	300	兴隆华侨农场二管区	
109	澄迈福山镇咖啡种质资源圃	10	海南省澄迈县福山镇	
110	海南省万宁市兴隆咖啡种质资源圃	10	海南省万宁市兴隆华侨农场	
111	糯米香高效生产技术集成与示范	30	琼中县营根镇	
112	胡椒园间作槟榔示范基地	50	文昌市文城镇	

（续表）

序号	用地名称	面积（亩）	所在地点	备注
113	胡椒园间作槟榔示范基地	50	万宁市龙滚镇农场	
114	胡椒水肥一体化试验示范基地	50	海南省国营南阳农场	
115	胡椒细菌性叶斑病防治示范基地	50	海南省国营东昌农场	
116	中国热带农业科学院糖能兼用甘蔗新品种试验示范	100	广东湛江	
117	菠萝试验基地	112.70	广东湛江	
118	植物营养科研基地	50.80	广东湛江	
119	香蕉试验基地	204.60	广东湛江	
120	荔枝龙眼试验基地	76.40	广东湛江	
121	病虫害综合防控科研基地	19.50	广东湛江	
122	甘蔗试验基地	46.90	广东湛江	
123	蔬菜资源收集与利用试验基地	20	广东湛江	
124	采后保鲜试验基地	45.40	广东湛江	
125	剑麻试验基地	120	广东湛江	
126	坚果试验基地	114.70	广东湛江	
127	芒果试验基地	128.30	广东湛江	
128	玉米试验基地	83	广东湛江	
129	热带作物旱作试验基地	100	广东湛江	
130	热带经济林研究基地	800	广东湛江	
131	热带作物种质资源保存基地	108.70	广东湛江	
132	农业农村部热带果树种质资源圃	300	广东湛江	
133	农业农村部湛江菠萝种质资源圃	7	广东湛江	
134	荔枝龙眼育种南繁基地	37.60	广东湛江	
135	南亚热带作物种质资源圃及良种苗木繁育基地	100	广东湛江	
136	休闲农产品加工试验示范基地	71	广东湛江	
137	国家荔枝龙眼产业技术体系湛江综合试验站示范基地	500	广东省廉江市 4 个、阳西县 3 个	

（续表）

序号	用地名称	面积（亩）	所在地点	备注
138	芒果优良品种试种，高产优质生产技术示范	500	四川攀枝花盐边县桐子林镇金河村	
139	澳洲坚果优良品种试种，高产优质生产技术示范	200	广东河源、从化、广宁；广西岑溪、灵山；云南临沧市云县	
140	芒果优良品种试种，高产优质生产技术示范	100	广西田阳百育、广东雷州乌石	
141	南亚所雷州市新型职业农民培训学校	300	广东雷州市乌石镇渔民农场	
142	菠萝水肥一体化示范基地	50	广东徐闻前山镇甲村	
143	文昌科研综合基地	450	文昌椰子所四队	
144	临高甘蔗示范基地	350	临高	
145	农业农村部儋州农业环境科学观测实验站	220	热科院儋州院区	
146	香蕉枯萎病综合防控技术试验基地	10	儋州铺仔	
147	文昌科研试验示范基地	194	文昌椰子所	
148	香蕉枯萎病综合防控技术示范基地	300	乐东尖峰镇	
149	荔枝资源保存基地	5	临高县多文镇	
150	无核防裂丰产试验基地	50	海口市红旗镇	
151	橡胶林下标准化种植南药益智及产业化示范	50	昌江县七叉镇	
152	昌江县民营橡胶病虫害防控新技术示范与推广	200	昌江县七叉镇	
153	香蕉枯萎病综合防控技术示范基地	100	东方板桥	
154	酸化土壤改良推广示范基地	1 000	琼海博鳌北山村	
155	海南“四位一体”生态农业模式试验基地	15	定安县雷鸣镇南曲村	
156	设施哈密瓜蜜蜂授粉推广示范基地	300	昌江县海尾镇五大村	
157	冬种瓜菜无公害生产示范试验基地	2 000	澄迈县金江镇龙坡村	
158	芒果病虫害综合防控试验示范基地	500	海南省东方市岛西林场马岭分场	
159	香蕉枯萎病综合防控试验示范基地	40	海南省澄迈县福山镇	

（续表）

序号	用地名称	面积（亩）	所在地点	备注
160	槟榔黄化病综合防控技术示范基地	100	万宁市长丰镇黄山村委会	
161	槟榔黄化病综合防控技术示范基地	50	万宁市大茂镇	
162	橡胶、木薯、香蕉优质种苗培育基地	15	海南省海口市演丰镇	
163	槟榔标准化生产示范基地	30		
164	油棕区域适应性试验基地	50		
165	油棕丰产栽培示范基地	70		
166	油棕新品种引种试种基地	80		
167	椰子织蛾综合防控示范基地	100		
168	椰子试验示范园	321.9		
169	农业农村部文昌椰子标准化示范基地	100		
170	油茶优良品种（系）示范基地	20		
171	槟榔试验基地	32		
172	椰林间种香草与蜜蜂养殖实验基地	110	海南省文昌市	
173	油茶试验基地	2		
174	花生丰产栽培试验基地	20		
175	花生育种试验基地	1.5		
176	农业农村部热带棕榈种质资源圃	432		
177	农业农村部文昌椰子种质资源圃	75		
178	油茶种质资源圃	20		
179	槟榔种质资源圃	20		
180	油棕种质资源圃	80		
181	油茶种苗繁育基地	4		
182	槟榔繁育基地	5		
183	椰子种苗繁育基地	5		
184	椰子制种园	75		
185	海南省万宁市兴隆镇椰子标准化生产示范园	500	万宁市兴隆镇	

（续表）

序号	用地名称	面积（亩）	所在地点	备注
186	椰子标准化示范基地	200	文昌市抱罗镇	
187	海南省琼海市潭门镇椰子标准化示范基地	100	琼海市潭门镇	
188	椰子丰产栽培示范基地	200	云南景洪	
189	椰子丰产栽培示范基地	260	昌江县十月田镇	
190	槟榔标准化生产示范基地	200	定安县富文镇	
191	槟榔标准化生产示范基地	200	万宁市龙滚镇	
192	油茶丰产栽培示范基地	100	澄迈县福山镇	
193	油茶丰产栽培示范基地	100	五指山市南圣镇	
194	优质香蕉繁育技术示范基地	100	儋州宝岛新村	
195	香蕉枯萎病拮抗菌发酵液应用技术示范基地	200	临高县皇桐镇金波村	
196	香蕉标准化栽培技术试验基地	200	东方市大田镇抱板村	
197	甘蔗改种香蕉标准化管理示范基地	120	临高县博厚镇加禄村	
198	香蕉高产栽培技术试验示范基地	80	澄迈福山花厂村	
199	香蕉枯萎病综合防控试验示范基地	160	澄迈福山侯臣村	
200	芒果新品种选育及高效栽培技术试验示范基地	300	东方市八所镇	
201	科研试验示范基地	100	美兰区演丰填	
202	香蕉新品种新技术试验示范基地	80	澄迈县福山镇文社村	
203	香蕉枯萎病综合防控技术示范基地	300	临高县新盈农场	
204	火龙果新品种引进栽培示范	10	临高县博厚镇加六村	
205	农业标准化实施示范项目：台湾香蕉、莲雾新品种及配套栽培技术引进与示范推广	200	海南省东方市大田镇	
206	农业农村部南亚热作项目合同：海南西部干热地区芒果新品种示范推广	200	海南省东方市岛西农场	
207	橡胶树抗寒高产选育种研究基地	150	广东湛江	
208	橡胶树抗寒材料综合评价试验基地	23	广东湛江	

（续表）

序号	用地名称	面积（亩）	所在地点	备注
209	橡胶树抗风抗寒新品种选育与区域性试种示范	100	广东东升农场 18 队	
210	橡胶树抗风抗寒新品种高级系比试验示范	100	广东省红十月农场	
211	花都试验基地	200	广州花都区花东镇	
212	开平试验基地	70	广东开平市苍城镇	

第八章　高效农业科研团队建设：文化建设是聚力

组建高效农业科研团队，需要通过团队文化建设来增强团队凝聚力。高效，指在相同或更短的时间内完成比其他人更多的任务，并且质量与其他人一样或者更好。实际上，高效本身就是一种团队文化。

一、团队精神是团队建设的灵魂

(一) 文化建设与团队精神的关系

文化建设指在团队中培植积极向上的基本精神和凝聚力，是团队成员共同的价值观念和行为准则。它由 3 个层次构成：①表层的物质文化，包括办公场所外观、办公环境、实验设施等；②中间层次的制度文化，包括领导体制、人际关系以及各项规章制度等；③核心层的精神文化，它包括各种行为规范、价值观念、职工素质和优良传统等，是文化建设的核心，又叫“企业文化”“企业精神”“团队精神”。文化建设的关键是核心层的团队精神建设。

(二) 团队精神的定义与内涵

所谓团队精神，是指团队成员为了团队的利益与目标而相互协作、尽心尽力的意愿与做法。简单来说，就是大局意识、协作精神和服务精神的集中体现。团队精神的基础是尊重个人的兴趣和成就，核心是协同合作，最高境界是全体成员的向心力、凝聚力，反映的是个体利益和整体利益的统一，并进而保证组织的高效率运转。

团队精神的内涵：团队精神的形成并不要求团队成员牺牲自我，相反，挥洒个性、表现特长是保证成员共同完成任务目标的基础，而明确的协作意愿和协作方式则产生了真正的内心动力。团队精神是组织文化的一部分，其中管理文化扮演着重要的角色。如果没有正确的管理文化，没有良好的从业心态和奉献精神，就不会有团队精神。

1. 团队精神的实质：共同的价值观

(1) 在个人对待组织的态度上，团队精神首先表现为组织成员对组织具有强烈的归属感，即对组织的认同和忠诚。人总是希望自己在社会中有一个确定的位置，以获得物质上和精神上的满足，这就是归属感。它首先表现为对组织的认同。组织成员把组织视为“家”，强烈地感受到自己是组织的一员，将自己在社会中的位置具体定位在所在的组织，认识到组织为自己提供了工作、学习、生活所需的条件，自己的命运与组织休戚相关，并且由衷地把自己的前途与组织的命运系在一起。在处理个人利益、目标与组织利益、目标的关系时，归属感又表现为组织成员对组织的忠诚。组织成员采取集体利益优先的原则，个人服从集体，愿意为集体的利益尽职尽责，做出贡献；组织成员相信、支持组织的目标，并把自己的个人目标融于组织目标之中，以组织目标为重，自觉为了实现组织的目标而尽心尽力，努力工作。

在个人对待组织的态度上，团队精神还表现为组织成员具有强烈的自豪感，也就是为组织的成功而骄傲、为组织的困境而忧虑的集体荣辱感。自豪感是组织成员认为自己所在的组织有令外人羡慕的对社会的贡献、良好的声誉、美好的形象和可观的收入而产生的荣誉感。而当组织暂时陷入困境时，成员也认为组织确定、一定以及肯定能够走出困境，这是一种积极的心态，能激发工作的欲望，使人在工作中处于较佳的向上的精神状态。

（2）在对待团队事务及工作的态度上，团队精神表现为组织成员具有强烈的责任感和奋发向上、积极创新的敬业精神。组织成员衷心地把组织事务视为自己的事，视工作为组织赋予的使命，不仅尽职尽责，而且积极主动，充满活力和热情，全方位地投入，创造性地工作，表现出锲而不舍、孜孜以求的恒心和坚定、积极的作风。

（3）在组织成员相互之间的关系上，团队精神表现为成员之间的相互协作及友好联系、共为一体，即一种亲和意识。现代化大生产流程式管理的特点决定了生产必须井然有序，人们在工作中互相依从、互相服务、密切配合。同时，为了实现共同的目标，还要求人们相互之间有理解、有信任。亲和意识就是在此基础上产生的一种爱人、仁慈、和谐、互助、团结、合作、忍让、自尊、互尊、相互承认个人价值、懂得人际关系和谐的重要性、互相关心的意识。

综上所述，团队精神表明了组织成员的一种态度，一种对真善美，对个人和组织之间以及组织成员之间的关系，对组织目标、利益与发展，对待团队事务与工作等的根本态度，这种态度与组织的要求相一致。因此，其本质就是组织与个人在长期的活动中形成的共同的价值观，是组织成员对客观事物意义总的看法和观点，这是一种持久的、稳固的、积极的群体心理，是综合群体成员的意向、信仰、情感、意志和品质后形成的一种特殊情感。

2. 团队精神的基础：张扬个性

团队管理看重的是团队的宗旨、价值，掌握了团队价值观和信念宗旨的人能够完全主动地提出具体的规则和目标。团队管理的价值性体现出关注人的精神的满足，而真正的团队精神应挥洒个性、表现特长。树立个性意识，鼓励个性发展是形成团队理念，塑造团队精神的前提和基础。树立个性意识，就是注意到个人是自由的，能够自主地支配自己。团队精神是以人的充分解放和全面发展为基础的。

3. 团队精神的核心：团结协作、优势互补

团队的所有工作成效最终都会在一个点上得到检验，这就是协作精神。而良好的人际关系则是协作精神的前提。这是因为，良好的人际关系有助于加强团队成员之间的团结，团结是团队赖以生存和发展的重要条件。没有团结，团队就缺乏凝聚力。甚至当成员之间的矛盾和冲突超过一定“度”的时候，团队就会四分五裂。为了团队的生存与发展，就必须协调好团队的人际关系。良好的人际关系还可以增强团队成员的正义感、责任感和集体荣誉感，可以激发团队成员的工作热情，形成和谐的团队气氛，使人心情舒畅、精神振奋，更好地发挥各自的聪明才智和吃苦耐劳的精神，积极工作，从而提高团队成员工作的积极性、主动性、创造性，实现团队成员的整体效应，提高工作的效率。在处理团队的人际关系上，彼此间要相互合作，和睦相处，营造一种积极向上的人际氛围。中国古代强调“和为贵”的思想，这一思想可以被看作是当代团队精神的思想萌芽。客观地说，团队的合作是以人格平等为基础的。

除了良好的人际关系外，团队成员在才能上的互补也是必不可少的。合作是在分工基础上的合作，团队就是由技能各异，甚至个性也存在差异的人组成的。将这些人组合到一起，在工作上加强沟通，有分有合，团结协作，利用个性和能力差异实现优势互补，发挥积极协同作用，这就是团队精神的核心所在。

4. 团队精神的境界：奉献精神

在一个组织中，如果没有自我克制，组织就很难对个人行为进行支配，那么整个组织就难以有协作行为产生，组织活动也难以持久。然而，在日益提倡个性化、讲究个人能力的今天，要使那些几乎在各个方面都相差甚远而且工作独立性又强的人自我克制、相互理解、信任、协作甚至甘当配角，绝不是一件说到就能做到的事。这需要一种奉献精神，即人们在与他人共事时，不只是看到自己，而是从大局出发，在为他人、为社会、为集体的贡献中，在与他人的协作中实现自我价值。从这一角度讲，团队精神的境界就是一种奉献精神，因为它要求团队中的每个人都在自己的岗位上尽心尽力，主动为了整体的和谐而甘当配角，与他人协作，自愿以整体利益为重，甚至为了整体的利益而放弃自己的私利。

5. 团队精神的实现方式：良好的沟通和激励机制

沟通是团队协同合作、树立共同目标的必然途径，是形成一个优秀团队不可或缺的重要条件，是团队精神的黏合剂。在现实的管理活动中，沟通比权力更重要，激励成员的积极性，依赖的是良好的沟通而不是权力。在思想上、精神上把团体价值目标合理有效地传播和建设，以坦白、开放、沟通作为团队的基本原则来实现团队管理，并使这些原则在思想观念上扎根、生长。鼓励倾听，积极回应他人观点，对他人提供支持并尊重他人兴趣与成就的价值观念。要实现对团队的认知，就要在组织中不断进行交流与沟通，使个体感到彼此间都以真挚、诚恳、友善的态度对待，实现心理上的零距离，达成心理默契，这样才能利用集体智慧形成团队精神。

在团队中，要让成员充分发挥自己的能力去努力工作，就要把成员的“要我去做”变成“我要去做”，实现这种转变的最佳方法就是对员工进行激励。要形成一个优秀的团队，培养一个良好的团队精神，除了积极沟通之外，还必须具有良好的激励机制。在这个良好的激励机制下，使一个团队始终以高昂的士气、忘我的精神来实现团队的目标。这个激励机制包括利益激励和精神激励。

6. 团队精神的功能：实现创新和增强凝聚力

团队建设是实现创新的革命性手段。团队建设特别强调人是组织中最宝贵的财富和资源，它把人的基础职能定位为进行创新和超越。团队建设通过在团队中树立团队精神，从而激励个体能从勤奋地工作发展到创造性地工作。

团队精神的树立，使组织中的个体在精神上融合为一体，让个体以共同的价值观为准则来自觉地监督和调解组织中的日常活动，这一点从本质上营造了民主、自由、开放的氛围，使主体性与个体性得以充分地发挥与展现，从而增强了组织的内聚力、向心力和能动力，为齐心协力实现组织目标创造了有利的前提条件。实践表明，在个体得不到展示自己机会的组织中很难形成一股较强的向心力。

（三）团队精神的功能

1. 目标导向功能

团队精神的培养使所有成员齐心协力，拧成一股绳，朝着一个目标努力，对单个成员来说，团队要达到的目标即是自己所努力的方向，团队整体的目标顺势分解成各个小目标，在每个成员身上得到落实。

2. 凝聚功能

任何组织群体都需要一种凝聚力，传统的管理是通过组织系统自上而下的行政指令，淡化了个人感情和社会心理等方面的需求，而团队精神则通过对群体意识的培养，通过成员在长期的实践中形成的习惯、信仰、动机、兴趣等来统一人们的思想，引导人们产生共同的使命感、归属感和认同感，反过来逐渐强化团队精神，产生一种强大的凝聚力。

3. 激励功能

团队精神鼓励成员自觉要求进步，力争向团队中最优秀的成员看齐。通过成员之间正常有序地竞争可以实现激励功能，这种激励不仅体现在物质的基础上，还体现在精神激励（如荣誉）上既能得到团队的认可，又获得团队中其他成员的尊敬。

4. 控制功能

成员的个体行为需要控制，群体行为也需要协调。团队精神所产生的控制功能，是受团队内部观念、氛围的影响，进而去约束、规范、控制成员的个体行为。这种控制不是自上而下的硬性强制力量，而是由硬性控制转向软性内化控制，由控制成员行为转向控制成员的意识，由节制成员的短期行为转向对其价值观和长期目标的控制。因此，这种控制更为持久，更有意义，而且更容易深入人心。

总之，团队精神对任何一个组织来讲都是不可或缺的，否则组织就如同一盘散沙。“一根筷子容易弯，十根筷子折不断。”这就是团队精神重要性的直观表现，这也是我们理解的团队精神。

（四）打造团队精神

1. 树立共同的目标和愿景

所谓共同愿景，是指大家共同愿望的景象，最简单的说法是“我们想要创造什么?”共同愿景是在人们心中一股令人深受感召的力量。高效团队作为一个相关利益者的共同体，它的愿景是相关利益者共同持有的意象或景象。

建立共同愿景要注意：第一，要有长远的目光；第二，要持续进行、永无止境的工作；第三，要系统思考问题。建立的方法和步骤：首先，领导要有正确的追求理念，共同愿景最初源于领导个人；其次，通过沟通，整合个人愿景；最后，进行培训，分享共同愿景。

2. 拥有卓越的领导

一个优秀的团队少不了一名出色的领导，统帅素质的好坏很大程度决定了团队战斗力的强弱。第一，领导者要有个人魅力，有感召力；第二，领导者要有眼光、胸怀和魄力；第三，领导者要有协调能力和凝聚力；第四，领导者要善于倾听，善于决策；第五，领导者要敢于承担。

3. 建立良好的沟通机制

所谓沟通，是指通过使用共同符号传递信息和理解信息。沟通的过程一般包括 5 个因素：沟通者、信息、媒介、接受者和反馈。

沟通是团队功能的内在部分，它贯穿于团队的整个活动中，是使任务在团队中得到完成的过程。人们注重沟通不在于沟通的过程，而在于沟通的效果。所谓有效的沟通是指沟通者与接受者共同了解的结果。只有当沟通者传递的信息能让接受者理解，沟通才会成功。在现实生活中，人们往往由于没有形成有效的沟通，致使问题产生意外的结果，比如说一个不经心的玩笑导致人与人之间的争吵，领导的非正式评论被歪曲，等等。因此，怎样改善沟通，提高沟通的有效性，是当前人们研究的重要课题。

有效的沟通必须遵守以下原则：第一，提供上下互动机会；第二，建立正式沟通渠道；第三，组织业余文化活动；第四，真诚地倾听。

4. 创建互信的环境

信任是团队成功的重要因素。信任是合作的开始，也是团队管理的基础。一个不能相互信任的团队，既是一支没有凝聚力的团队，也是一支没有战斗力的团队，一个高效的团队必须以信任为前提。信任意味着一种凝聚力的产生，高效的团队成员必须学会彼此欣赏、信任，勇于承认自己的错误、弱点，还要乐于认可别人的长处，即使这些长处超过了自己。

所谓信任，是对他人的一种肯定预期，相信他人有能力会自觉地按自己的意愿做出对自己有利的事情。

由于信任是人们协作的前提，因此对信任的研究注重的不是其本身，而是其形成的过程，也就是怎样才能建立信任的问题。要形成团队成员之间的相互信任，必须采取以下措施：第一，要遵循公开、公平、公正的原则；第二，充分授权；第三，有效的沟通；第四，不能任人唯亲。

5. 形成适当的激励机制

人是一种情绪化的动物，在遇到不顺意的事情发生时往往表现消极态度，如果这种消极态度得不到正确的引导，就会对个人生活和团队工作产生负面影响，这时最有利的一剂良药就是激励。正面激励要注意以下 4 点：第一，对于人事的安排要遵循“人尽其才，才尽其用”的原则，对团队每一个成员作出最合适的安排；第二，尽可能地去满足员工合理的愿望；第三，物质奖励和精神奖励要两手抓两手硬；第四，建立合适的升迁机制，考虑每位员工的职业发展。

6. 引入良性竞争机制

通过良好的团队竞争可以激发成员的积极性和创造性。竞争能激发一个人无尽的智慧，每个人都有一种拼搏取胜的愿望，一种展现自我价值的意愿。

鲇鱼效应同样适用于团队，经验丰富的领导者在面对一个毫无活力的团队时，他们便会引进一批充满活力、积极行动的新人，以打乱团体中原来已经形成的较为稳定的工作人际关系。由于新人们个个如狼似虎，不畏强者，敢于争胜，这让原来的老员工为了维护自身的利益不得不解放思想、积极行动，以适应激烈的竞争，从而使团体焕发新的活力与创造力。

竞争与合作是统一不可分割的，竞争要求合作，而合作促进竞争。为了将良性竞争引入团队，应从以下方面做起：第一，打造学习型团队，授人以渔，团队之间相互交流，相互学习共同提高，实现资源的共享；第二，制定员工自己的目标，实现超越自我；第三，开展学、比、赶、帮、超活动。

二、打造高效农业科研创新团队精神

（一）打造高效农业科研创新团队精神的基本做法

针对农业科研创新团队的特点，建议从 5 个方面入手打造高效农业科研创新团队精神。

1. 制定科学明确的科研目标

科研创新团队的科研目标指明科研团队在一定阶段开展科研工作的方

向，具有相对稳定性，可以是开展多年学科研究中形成的，也可以围绕重大科技目标、结合原有学科优势整合开拓新的科研方向。一是团队构建时应着重定位于学科建设，结合自身优势学科，重点攻关技术含量高、社会效益好、产品附加值大的现代农业产业方向，找准切入点开展潜力学科的建设；二是科研必须为解决地方产业实际问题而服务，团队科研目标要围绕国家农业产业发展政策和地方产业需求来制定，特别是针对一些研究周期长、出成果慢、失败率高但意义非常重大的基础性研究；三是团队构建不能目光短浅，不能仅着眼于暂时的利益和资源的争夺，而是要根据社会经济转型和科技发展需要，抢占先机，加大交叉学科和新兴学科的研究，甚至可以以团队整体优势资源来整合外部资源，通过战略联盟等模式来创建新的合作体系。

2. 打造高素质的团队带头人

团队带头人在团队运行管理的过程中扮演多种角色，责任十分重要，既是准确把握团队科研目标的指挥官，又是构建科学合理团队结构的教练员，还是统筹团队各种资源的管理员。第一，实行科研团队带头人负责制。由团队带头人在引进和培养高层次青年科技人才等方面发挥主导作用，有利于顺利构建结构合理的团队学术梯队；通过充分授权赋予团队带头人统筹团队内部人财物的自主权，并与团队带头人的责权利结合起来，有利于其掌握适当的资源配置权，以更好地以相对独立的方式运作整个团队。第二，提升团队带头人自身领导力。团队带头人选拔和培养的标准是德才兼备，不仅要有丰富的专业知识和良好的学术水平，还要有善于把握发展机遇、科技协同、科技创新与资源整合的能力，还需具备较好的行政、科研等管理能力，更要有良好的职业素养、学术声誉和学术道德。

3. 搭建结构合理的科研创新团队

一是团队人数与规模要适中。目前学术上对科研创新团队的人数与规模没有固定的限制，主要取决于研究内容的多少与研究目标的大小。较多研究认为，团队规模控制在 25 人以内较有利于发挥团队整体功效，因此建议科研创新团队以学科带头人 1 人、研究骨干 4~6 人，总人数 5~25 人为宜。二是人才梯队结构要合理。农业科研创新团队的成员，根据研究需要，既要考虑全局性指导的团队带头人，开展创新工作的中坚力量（研究骨干），从事基础研究的一般科研人员和研究生，还要考虑基层科辅技术人员与外联人员等。在成员的选择上，要充分考虑群体互补，让不同知识层次、不同专业所长的成员在团队中协作互补，避免人才浪费；业务上，还要注重专业融合、鼓励学科交叉，以形成有研究特色和较强竞争力的科研创新团队。三是多渠道培养团队人才。按培养为主、引培结合的方式，有计划地重点选派优秀团队成员到国内外科研机构与高校从事项目研究、短期培训等研修活动，通过广泛的学术交流与深入的科研合作来提高团队成员的科研学术水平；鼓励团队带头人参加各类有一定社会影响力和规模的学术团体并承担一定的社会职务，以扩大影响力和提高知名度；引进具有领先水平的国内外专家担任团队带头人，并支持跨部门、跨学科聘任团队成员和组建科研创新团队。

4. 建立有效的评价激励机制

健全的规章制度与合理有效的激励评价机制是提升农业科研机构创新能力的有力保障。一是设立团队带头人负责制。团队带头人可根据学科发展和创新团队建设的需要，经团队 2/3 成员通过，建立团队制度体系，自主决定团队内部经费使用、考评及分配等。二是设立团队目标责任制。按照“重团队、轻个人”的原则，制定创新团队的聘期和年度目标及工作任务，考核主体侧重科研创新团队的整体效能发挥，由团队自行制定团队成员的岗位考核指标。三是实施职称评聘分开和岗位动态调整制度。通过能上能下的岗位聘用合同制和中期动态调整，不断增强科研创新团队成员的危机意识、竞争意识和创新积极性，及时调整不能适应团队发展的成员，同时通过公开竞争补充新成员，不断优化创新团队人才结构。四是建立多元化激励机制。科研院所根据科研团队的贡献给予整个团队绩效奖励与表彰，以调动团队创新积极性；对于团队成员则实行分类、分角色评价，既按常规发放绩效奖励，又对知识产权、科研成果等要素进行参与分配，使其享有所有权和收益权；对优秀的团队成员还给予精神类奖励，如颁发荣誉称号、进行宣传表彰等，使其感受到社会和组织的尊重和认可，激励其取得更高质量的科研成果。

5. 塑造良好的团队创新文化氛围

良好的创新文化是一个团队的灵魂，有助于构建运作高效且具有高度凝聚力的科研创新团队。一是要营造良好舒适的工作环境、宽松竞争的学术环境，并积极为科研创新团队成员解决家庭的后顾之忧，做到创业有平台、生活有条件。二是要树立合作敬业与勇于牺牲的团队精神。农业科研具有周期长、投入大、继承性强、风险大、出成果慢等特点，且工作环境普遍较差，因此要引导团队成员发扬协作创新与艰苦奋斗的团队精神，增强团队内部的凝聚力和向心力。三是要树立良好的选人用人环境。任人唯贤，充分考虑适合每个团队成员发挥才能的平台和空间，积极为团队成员提供发展机会，鼓励团队成员将个人智慧整合为团队智慧。四是要营造良好的学术交流与文化传承氛围。邀请国内外知名专家前来开展学术交流和合作研究，通过智力引进带来新理念、新思路、新技术；邀请本单位退休老专家作学术报告或现场指导，发挥其“传帮带”的作用，引导青年科研人员传承和发扬老一辈科技工作者的科研思路和科研精神；建立青年学术交流制度，努力为团队青年科技人员提供学习交流与自我展示的平台；邀请农业经济专家来讲课，通过宣讲最新农业科技政策和法律法规，激发团队科研人员加强思考并适时调整研究方向，以提高科学研究与产业需求的契合度。五是要营造鼓励创新与宽容包容的团队成长环境。在团队中崇尚竞争、尊重成功，更鼓励创新、宽容失败。

（二）创新农业科研创新团队文化建设，发掘集聚效应

现以中国热带农业科学院和下属××研究所为例，谈谈创新农业科研创新团队文化建设的一些做法，起到抛砖引玉的作用。

1. “揭榜挂帅”，科学容错，给青年科研人员鼓励创新和包容失败的团队成长环境

2022 年初，中国热带农业科学院“揭榜挂帅”项目公布了。“揭榜挂帅”科技创新管理机制对中国热带农业科学院来说是头一回，也是农业系统国家层面的第一个。中国热带农业科学院“揭榜挂帅”传递的正是“不拘一格降人才”的用人导向，不以“帽子”多少论英雄，克服唯论文、唯职称、唯学历、唯奖项的倾向，为青年科学家搭建了“谁能干就让谁干”的赛场，让那些想干事、能干事、干成事的科技人才挂帅出征，联合攻关，实战历练。

经过调研、征集 300 多个科技需求，相关领域知名专家展开多轮遴选、论证，最终形成榜单 72 个，敢揭榜的农业科学家提出了 147 项申请书，最终中榜项目 67 个，揭榜成功的青年科学家占比高达 95%。

作为副研究员的董博士中榜了“林下复合生态种养关键技术研发与示范”项目。他和团队成员在未来 5 年内将获得共计 150 万元经费支持。其间，中国热带农业科学院基本不会干涉其研究进展，只在最后一年按规定考核，即使项目失败，只要他实干了，也有科学容错机制予以免责。董博士觉得，“揭榜挂帅”给了自己这样的 80 后青年科学家一个公平、公正、公开的科研平台，有利于自己组建团队，有利于提高科研水平，更有利于项目的长期稳定发展，从而能更好地产生科研成果。

偏向农业社科类研究的青年科学家刘某是学法律出身，他这次中榜的项目是“自贸港背景下海南重要热带农作物全产业链发展策略研究”。在刘某的科研生涯里，拿到这样的竞争性科研项目还是第一次，“揭榜挂帅”解决了他此前拿不到竞争性科研项目的难题，也意味着他可以获得 90 万元经费支持，有 3 年的时间潜心研究自己的课题。

1982 年出生的女博士苗某从事农业基础科学研究，中榜后，她说有种不可思议的兴奋。苗某说，自己揭榜的是“热带作物重要经济性状分子解析及基因挖掘项目”，这个项目竞争激烈，有 16 名同事报名。在完成专家答辩 6 分钟后，本来专家还有 4 分钟提问时间，却一个问题也没有问。当时，苗某觉得自己没戏了。事后，苗某被通知中榜了，这是她第一次拿到如此多经费：未来 5 年共计 150 万元。这让苗某有了底气，现在她已经安排好了之前一直没钱做的实验。

“揭榜挂帅”机制给青年科研人员提供了良好的科研团队成长环境，未来一定能攻克一批热带农业发展中的重大科学问题和技术难题，培养一批具有竞争力的知名专家和科技领军人才。

2. 挖掘离退休典型事迹，讲好老同志的故事，传承和发扬老一辈科技工作者的科研思路和科研精神

中国热带农业科学院××研究所通过采访和挖掘老同志的典型事迹，形成 10 余篇老同志的故事，在部系统网站和报纸杂志进行了刊登，还邀请老同志为大家讲过去的故事、上党课，在青年科技人员中反响很好。典型事迹形成了题为《椰乡凌云志　热土铸椰魂——××研究所老同志事迹报道工作交流》的研究报告。通过报道老同志事迹，既讲述了老同志的故事，又挖掘了××所厚重的历史，从老同志的科研之路挖掘他们的科研理念、研究方法，还能让青年科技人员了解所情所史、坚定科研信念、借鉴提升自身能力，具有“存史、资政、教化”的意义。

3. 关爱职工，彰显人文关怀，营造“想做事、能做事、做成事”的良好氛围

中国热带农业科学院××研究所高度重视人文关怀工作，为提高广大职工的归属感，制订了《××研究所人文关怀工作方案》，从应聘人员到在职人员，从离退休人员到研究生都被充分考虑在内，具体如下。

××研究所人文关怀工作方案

一、工作内容

（一）做好应聘人员关怀

（1）联系应聘人员，要热情、礼貌。

（2）来所参加笔试、面试的竞聘人员，所里派车做好接送站服务。接站时，由相关研究室安排1名科技人员陪同，陪同人员要热情做好所情、室情等情况介绍。

（3）笔试、面试完毕，综合办要做好拟录用人员的跟踪和服务。

（二）加强在职人员人文关怀

1. 做好新入职人员关怀

（1）竞聘录用的新入职人员，来所时所里派车做好接站服务。接站时，由相关研究室安排1名科技人员陪同，协助新入职人员办理住房、购置生活用品、领取办公用品等工作。

（2）综合办公室提前准备好入职手续、及时发放《职工手册》；后勤服务中心要提前准备好住房、配备好设施设备（补贴生活用品购置费1 000元，经费由所里解决），确保“来所即能住”。

（3）所在部门，对新入职的人员适时举行欢迎仪式；所里，在近期全所大会上，将新入职人员向全所职工进行介绍，给予欢迎。

2. 做好在岗工作人员关怀

（1）由所工会统计全所职工生日日期，提前一个月通过发放蛋糕券、盆栽绿植等方式，表达所里对职工的生日祝福。

（2）“元旦”前后，由所工会组织，举行全所职工参与的元旦晚会或拓展训练或游园活动。

（3）“春节”前，由所领导班子向全所职工送上节日祝福，所工会按规定组织发放水果或糖果，对全所职工予以慰问。

（4）“三八妇女节”，由所工会组织，全体女职工参加，开展外出参观活动。

（5）“五一劳动节”前，由所工会组织，全所职工参加，开展篮球赛、排球赛、羽毛球赛等体育活动。

（6）“五四青年节”前，由综合办组织，所领导参加，开展青年职工座谈会。

(7)“七一建党节”前，由综合办组织，所领导和全体党员参加，开展红色基地主题教育活动。

(8)“中秋节”前，由所领导班子向全所职工送上节日祝福，所工会按规定组织发放简装月饼或者水果，对全所职工予以慰问。

(9) 所工会根据当年电影情况，组织职工观看 1 次正能量电影。

(10) 职工结婚生育、生病住院，由所工会发放一定金额的慰问品；退休、离岗时，由所在部门召开欢送会，肯定其对所付出的劳动和作出的贡献。

(11) 职工子女入读小学、中学，所里帮助联系××中学、××小学等；职工子女参加高考并被全日制普通高等院校一本、二本正式录取的，由综合办对接联系奖学金颁发事宜。

(12) 按照《××研究所职工慰问管理办法》，开展好其他相关慰问工作。

(三) 做好离退休老同志关怀

(1)“春节”前，按照《××研究所职工慰问管理办法》规定，由所工会组织，所主要领导参加，开展节前慰问工作。

(2)“春节”前，由综合办组织，全体所领导参加，开展一次老同志座谈会，介绍一年建设和发展情况，听取老同志的意见和建议。

(3)“七一建党节”前，由综合办组织老党员、老同志参加红色基地主题教育活动。

(4)“国庆”前，由综合办、所工会组织，开展老党员、老同志代表慰问活动。

(5) 党支部、所工会积极做好困难老职工的帮扶活动。

(四) 做好来所学生关怀

(1) 学生第一次来所，导师应亲自或委托其他同事前往机场或车站迎接；导师要鼓励、支持学生参加院所组织的学术交流活动。

(2) 科研管理办公室要根据来所学生情况，适时举行欢送会、欢迎会，每年组织学生开展集体活动 1~2 次。

(3) 国际合作与科技服务中心要根据来所留学生情况，与相关导师一起，根据中国传统佳节情况，举办 1~2 次中国特色的集体活动。

二、组织领导

成立××所人文关怀领导小组，统筹全所人文关怀的策划、组织和实施工作。

组　长：书记、所长

副组长：所班子其他成员

组　员：工会主席和副主席、综合办主任和副主任、离退休党支部书记。

下设办公室，设在综合办公室。

主　任：综合办主任

副主任：工会副主席

成　员：综合办人事工作人员、离退休工作人员、工资福利工作人员，离退休党支部书记，后勤服务中心主任，工会委员1~2名。

三、保障措施

（1）组织保障。所人文关怀领导小组要加强组织领导，细化工作计划，明确具体责任人，抓好工作落实，确保人文关怀落到实处。

（2）经费保障。所工会从工会经费中列支以上经费，不足部分从所自有资金中安排，总经费控制在10万元/年以内。

（3）条件保障。综合办公室、后勤服务中心、所工会根据活动需要，及时、高效地提供场地和设施设备；各研究室、办公室、附属机构要积极参与。

（4）做好职工慰问工作，用心用情深入群众，拉近干群关系，为职工营造“家”的环境。

中国热带农业科学院××研究所还制定了《××研究所职工慰问管理办法》，涵盖职工工伤慰问、职工重病慰问、职工死亡慰问、职工家庭受灾慰问、困难职工慰问、老职工慰问和职工节日慰问等，职工慰问不在乎花费多少，而在于用心用情、尽责尽力，努力增强职工群众的获得感幸福感安全感。具体如下。

××研究所职工慰问管理办法

第一条　根据有关规定，结合我所实际，制定本办法。

第二条　本办法慰问活动按照所党委领导、工会具体执行的原则开展。本办法所称慰问活动，涵盖职工工伤慰问、职工重病慰问、职工死亡慰问、职工家庭受灾慰问、困难职工慰问、老职工慰问和职工节日慰问等。本办法以外事项需要慰问的，由所工会提请所党委审议。

第三条　职工工伤慰问。职工发生工伤，符合社保机构工伤认定标准的，所在部门负责人需及时向所工会报告，所工会会同部门指定人员前往探望慰问。花费内容及额度：购买水果或鲜花，不超过200元。

第四条　职工重病慰问。员工发生短期较难治愈的疾病或非因公受伤，根据医嘱需单次住院治疗十五天以上，或单次医疗支出个人支付超过5 000元以上的，经部门负责人查实后及时向所工会报告，所工会会同部门指定人员前往探望慰问；离退休职工由离退休党支部书记负责查实后及时向工会报告，所工会与离退休党支部书记前往探望慰问。花费内容及额度：购买水果、鲜花或送现金，不超过200元。

第五条　职工死亡慰问。职工死亡，了解情况的同事或部门负责人及时向所工会报告。职工死亡前所在部门派人与工会会同慰问；离退休职工死亡的由离退休党支部书记与工会会同慰问。花费内容及额度：送慰问金500元。

第六条　职工家庭受灾慰问。职工家庭发生火灾、水灾等自然灾害或其他人为灾害的，了解情况的同事或部门负责人第一时间与所工会联系，会同探望慰问。花费内容及额度：购买粮油、食品或其他生活急需品或现金，不超过300元。

第七条　困难职工慰问。在所工作一年以上的职工，家庭经济困难，符合以下两项者列为困难职工，符合两项以上者列为特困职工。①家庭人均月收入低于850元的。②家中有癌症或其他难以治愈的重病患者的。③供养长期患病或失去劳动能力家属的。④共同生活家庭成员罹患意外伤害事故的。⑤家庭发生灾害导致财产重大损失的。⑥子女上大学导致供养困难的。花费内容及额度：困难职工于每年年底将困难情况说明交本部门负责人，部门负责查明情况，属实的签署意见后向所工会申报，所工会再提交所党委审核批准。每年春节前，由所工会主席及困难职工所在部门指派人员会同慰问，购买节日生活用品或发放现金，困难职工不超过500元，特困职工不超过800元。

第八条　老职工慰问。原则上安排每年春节前慰问；同时符合下列两条以上的，按最高慰问总金额的一项执行。①专家慰问。专家指退休满十年的副高、副处及以上人员。每年春节前，由所党政领导、综合办负责人、综合办专（兼）职党务工作者会同慰问，花费内容及额度：发放慰问金和慰问品，额度不超过800元。②困难遗属慰问。困难遗属指已去世的老职工配偶且国家法定退休年龄前，没有稳定收入现靠子女供养的人员。同时，具有以下任一情形的，不纳入困难遗属：第一，遗属有子女，且子女中有一个为政府部门或事业单位在编人员的；第二，子女平均收入高于上一年度市最低工资标准的。花费内容及额度：送慰问金300元和价值200元慰问品。③困难老职工慰问，按本办法第七条执行。④长期患病生活不能自理或因病致残老职工慰问。花费内容及额度，送价值200元慰问品。⑤重病住院老职工慰问。指老职工年内重病住院治疗，根据医嘱需单次住院治疗二十天以上，或单次医疗支出个人支付超过7 000元以上，年前将住院证明及家庭医疗支出证明提交离退休支部书记或拍照发送，经所工会确认后提交所党委审批。花费内容及额度：送慰问金300元和价值200元慰问品。⑥年满八十周岁老职工慰问。由离退休支部书记与所工会提出慰问名单并报党委审批，花费内容及额度：送价值200元慰问品。年满九十周岁老职工送价值500元慰问品；年满一百周岁老职工送价值1 000元慰问品。

第九条 军烈属慰问。每年春节前，由所工会主席、离退休支部书记、综合办指派人员会同慰问，花费内容及额度：第八条第一款慰问额度的2倍。

第十条 本办法中所列职工慰问涉及差旅费的，从工会经费中支出。实物慰问凭正规发票报销；现金慰问凭发放表（需当事人签字）报销。

第十一条 本办法由所工会制定，所工会负责解释及组织实施，自发布之日起实行。

4. 弘扬科学家精神，营造“廉洁从研”的良好氛围

2019年6月，中共中央办公厅、国务院办公厅联合印发了《关于进一步弘扬科学家精神加强作风和学风建设的意见》（简称《意见》），适时提出了新时代科学家精神的具体要求，为营造风清气正的科研环境、构建良好的科研生态提供了基本遵循。2021年6月16日，为深入推进农业科研诚信和作风学风建设，弘扬科学家精神，营造健康的农业科技创新生态，加快高水平农业科技自立自强，农业农村部办公厅印发《农业科研诚信建设规范十条的通知》（简称《通知》），具体明确了农业科研诚信建设的责任主体和规范点。

一是明确农业科研诚信建设的责任主体。从事农业科研活动的各类科研院所、高校、企业、社会组织等，承担农业科研诚信建设的主体责任，其主

要负责人承担领导责任。有关单位要将农业科研诚信建设纳入单位章程，建立健全各类符合农业科技规律、产业规律和人才成长规律的农业科研活动规章制度。农业科技人员要把诚信作为科技工作的生命线，自觉维护良好的农业科研作风和学风。各级农业科教管理单位要强化监督指导，充分利用大数据管理，形成诚信建设工作合力。

二是推进农业科研诚信建设常态化。各地各单位要注重抓在日常、抓好关键，将科研诚信贯穿于农业基础前沿研究、关键核心技术攻关、重大新产品创制及基础性长期性农业科技工作等创新活动全过程全链条，落实到教学培训、示范推广、科研管理、成果评价等各环节，延伸至入学入职、年度考核、职称晋升、评奖评优等各方面，覆盖到农业科研人员、技术推广人员、科技管理人员、科研辅助人员等各群体。

三是加强农业科技成果及奖项等前置监管。有关科研教学单位要推动科研诚信防线前移，督促相关科技人员在论文发表、专利申请、品种权申请、涉农奖项申报前，以及新品种、新农（兽）药、新机具、新装备等成果验收前，严格把好学术关、诚信关。进一步压实科研诚信主体责任，重点防范以下问题：一稿多投，不实署名，虚假标注获得科技计划（专项、基金等），数据图片造假，抄袭剽窃，虚报社会与经济效益，伪造合作合同、技术报告、检测报告、信用报告或应用证明，虚构产品性能效果，隐瞒技术风险，伪造或夸大专家评议意见等。

四是抓好农业科技活动档案管理与追溯。遵循农业科研长周期性和生态区域性等特点，加强科研档案的整理与保存，主要包括：水土气温、作物病虫害、动物疫情等农业基础性长期性监测，种质资源收集、保存、评价与利用，新技术产品研发、示范与推广应用等科技活动。农业科技人员要做好原始科研记录和科研数据汇交，有关单位做好监督指导和相关工作保障，构建并完善农业科技活动档案的查询与追溯机制。

五是严格农业科技项目及成果转化诚信管理。加强农业科技相关项目立项、申请、实施、验收等诚信管理，严禁项目不实设置与申报，严禁违规或突击使用科研经费，严禁科研活动、科技奖励评审中“打招呼”“走关系”等请托行为。有领导职务的农业科技人员不得在成果署名、奖项申报、知识产权归属、成果转化收益等方面侵占他人合法权益。各地各单位在项目申报与立项、奖励评审、权益分配过程中，要严格落实公开公示、当事人回避等制度。

六是优化农业科技评价导向。建立健全以不同科技活动类型为基础、以科技创新度、发展贡献度、产业关联度为导向的分类评价制度，解决好“评什么”“谁来评”“怎么评”“怎么用”的问题，杜绝农业科技成果评价中急功近利、盲目跟风现象。各地各单位要尊重农业科学研究规律和创新规律，允许和包容科学研究失败，引导广大农业科技人员更加重视中长期的持续积累，更加重视科研产出的原创性和创新性。

七是建立健全农业科研伦理和安全管理制度。加强对生物育种、动物试验、农（兽）药创制、生物饲料或产品研发、农产品加工技术研究、人工智能与智慧农业技术应用等相关科研活动的伦理审查和过程监督，完善相关管理制度，保护信息数据安全与隐私。对涉及国家秘密的科研活动，要严格遵守保密规定。有关单位要依据相关法律法规，对存在违反伦理道德和保密规定等方面倾向性、苗头性问题的人员，进行约谈提醒并及时制止或请相关部门介入。

八是严格落实农业科研诚信承诺制度。建立农业科研诚信负面清单，明确农业科研诚信承诺事项，形成“谁承诺，谁负责”的工作机制。有关单位要结合实际建立农业科研诚信承诺工作规范，把科研诚信承诺作为项目申报与验收结题、人才或奖项推荐提名资格等的前提条件，作为论文发表、成果转化、效果评价等的硬性要求。

九是加大农业科研失信及违规行为惩戒力度。高度重视农业科研诚信、科技伦理等问题的举报线索，对违法违规行为“零容忍”。有关单位要畅通投诉举报和申诉渠道，对发现的违法违规行为及时处理；对经调查证实不存在失信行为的及时予以澄清；对恶意诬告、协助或包庇科研失信行为人的单位和相关负责人，按照有关规定严肃处理。对存在不实承诺或违背承诺要求、前置审查有问题等情况的科研失信行为人，撤销其担任现代农业产业技术体系专家，承担科研专项、条件平台建设和科技基础性长期性工作，参与有关评审报奖等方面的资格。

十是传承弘扬科学家精神和农业科研优良传统。强化正面教育引导，选树并广泛宣传先进典型，弘扬新时代科学家精神，大力发扬为民服务“孺子牛”、创新发展“拓荒牛”、艰苦奋斗“老黄牛”的精神。传承和发扬“北大荒精神”“南沙精神”“祁阳站精神”“太行精神”“曲周精神”等农业科研领域优良传统，淡泊名利，甘为人梯，奖掖后学，引导广大农业科技工作者下沉重心，一心为民、躬耕田野，把科技论文写在祖国大地上，把创新成果应用到生产实践中。

在遵循《意见》和《通知》的基础上，中国热带农业科学院××研究所结合自身实际，创新科研诚信氛围营造。一是在全所范围内提升科研道德建设。思想上弘扬科研诚信道德，防止学术腐败；激发科研人员廉政动机，让其不敢腐、不能腐、不想腐。科研活动中通过保密协议等规范科研道德建设；项目申报和项目评优均需进行廉政审核。二是营造科研廉政氛围。建立廉政教育培训制度，新入职、职务晋升人员均需进行廉政教育；弘扬家风建设，让家风政风互相促进。

5. 加强创新文化建设，明确愿景、使命和价值观，凝心聚力

××研究所在全所范围内征集了愿景、使命和价值观，凝练了研究所发展定位、所训、所精神，制定了所徽和所歌，以上均出自职工之手，同时印制在职工手册中。这不仅让广大科研人员有了明确的团队建设目标，也增强了自豪感和荣誉感。

第九章　中国热带农业科学院优秀科研创新团队领军人物风采

中国热带农业科学院于2017年启动实施了院级创新团队建设，主要包括种质资源收集、保存、评价与创新利用、产业可持续发展关键技术、产业提质增效关键技术、基础性长期性工作和基础前沿工作等5个创新领域，参照国家现代农业产业技术体系管理模式，分3批组建了由39名牵头专家、219名骨干专家、1 000多名团队成员组成的36支创新队伍，基本涵盖了全院科研一线人员。

以人才活力激发科技创新动力，以项目开展打造优秀团队。中国热带农业科学院以具有战略科学家潜质的高层次人才为“塔尖”、领军人才为“塔干”、青年人才为“塔基”、卓越技能和支撑转化人才为保障，努力构建热带农业战略科技力量的发展格局。2021年中国热带农业科学院橡胶树遗传育种团队获评“海南省优秀人才团队”，不仅率先突破了橡胶树体胚苗规模化繁育技术，还建立起首个橡胶树体胚苗规模化生产线，年生产能力超过100万株。入选2020—2021年度神农中华农业科技奖优秀创新团队的中国热带农业科学院芒果种质资源与遗传育种团队，创建了芒果种质资源圃，系统收集保存国内外优异种质资源946份，极大丰富了我国芒果种质资源多样性，解决了我国优异种质匮乏的窘境。获“全国专业技术人才先进集体”表彰的中国热带农业科学院热带香料饮料科技创新团队，构建了我国热带香料饮料种质资源安全保存和鉴定评价技术体系，改善了我国该领域种质资源偏少、育种材料欠缺的现状，使我国的胡椒、可可资源保存领先世界。

近年来，中国热带农业科学院共柔性引进12名院士，15人获国家、部委人才计划和荣誉称号，3人成为国家农业产业技术体系首席科学家，16支团队入选海南省“双百”人才团队等，为科技创新团队建设提供强有力的人才支撑。

青年科技人才也正逐步成为中国热带农业科学院科技攻关的主力军。在中国热带农业科学院科技项目“揭榜挂帅”中榜名单中，揭榜成功的青年科技人才占比高达95%。让想干事、能干事、干成事的科技人才挂帅出征，在干事创业中发现农业科技人才，有利于培养出一批优秀青年领军人才、具有一定知名度与影响力的创新团队。

笔者从中国热带农业科学院官网摘录了部分优秀科研创新团队领军人物风采（2016—2019年度），为农业科研院所团队建设提供案例借鉴。

扎根大地，把长期试验做到极致

——记中国热带农业科学院南亚热带作物研究所　徐明岗研究员

时间：2019-04-27

要不是2015—2018年的4年间获得2项国家科技进步二等奖，且都是第一完成人，人们可能还不会关注到徐明岗。因为他平时太低调了。

从1996年开始，近20年，他默默守在偏僻的祁阳红壤实验站，带领祁阳红壤实验站科技人员深耕红土，开展长期试验，取得了丰硕的成绩：先后获得国家成果奖5项，省部级成果奖8项；成果在南方红壤地区普遍应用，每年产生社会经济效益上百亿元。

从1980年踏进西北农业大学的校门开始，徐明岗选择了土壤学，近40年的人生从此就与土壤结下了不解之缘。

民以食为天，食以土为本。土壤是万物之源、农业之本。我国由于人多地少，用大量化肥、农药投入来维持粮食高产和稳产，导致土壤污染、地力退化日趋严重。徐明岗经过调查发现，全球范围农田土壤退化的面积占整个土地面积的20%，中国农田约40%土壤退化，占比是全球的2倍。土壤污染、地力退化已经敲响了全球粮食安全和食品健康的警钟。

问题很严峻，为了解决我国农田土壤肥力提升及退化土壤改良的关键科技问题，他一头扎进了长期定位试验这一领域。

“我这一辈子就做长期试验，把它做到极致”

毛泽东曾经说过：“做一件好事不难，难的是一直坚持做好事。”做试验不难，难的是做长期试验。

1996年，中国农业科学院选派徐明岗担任祁阳红壤实验站站长，徐明岗没有丝毫犹豫，收拾行囊前去赴任。他早在读大学的时候就下定决心，要把此生奉献给土壤学。

研究土壤的路有千万条，为什么徐明岗选择了最艰苦最困难的长期定位试验？这源于祁阳站第一任站长刘更另院士等老一辈土壤学家扎根农村、艰苦创业、无私奉献的精神感召和带领，源于徐明岗内心强烈的社会责任感和使命感。长期试验是难，但只要国家需要、社会需要，再艰难也要有人去做。

2002 年，前往英国洛桑试验站的一次访学经历更坚定了徐明岗做好长期试验的决心。

这个创建于 1843 年的试验站，保存了 170 多年来的土壤样本，比黄金还珍贵，进行的一些长期定位试验至今已有 150～170 年的历史，为农学、土壤学、植物营养学、生态学和环境科学的发展作出了重要贡献。直到现在，这些长期试验对探索现代农业可持续性仍然有着重要的指导意义。

在洛桑试验站学习半年，徐明岗受益良多。他发现，土壤生态系统变化过程非常缓慢，短期试验不能揭示这种变化趋势，只有长期试验才能回答土壤学最基本的问题，推动学科原始创新和基础数据累积。

回国后，徐明岗决心把祁阳站打造成洛桑试验站这样的长期试验站，推动我国土壤学科发展。他说："我这一辈子就做长期试验，把它做到极致。"

说来容易，做起来是真难。长期试验，意味着见效很慢，辛苦付出但一眼看不到成果；意味着很长一段时间，没有荣誉、奖励，默默无闻，清贫寂寞。徐明岗都快记不清了，自己有多久没有节假日了，特别是国庆假期。这些年，他几乎都是在采样中度过的，因为这个时节正是北方玉米收获的季节，也是土壤采样的最佳时期。

没有节假日，在徐明岗看来，并不是困难，也不是辛苦。他最忧心的是，试验经费不稳定。开展长期试验需要项目经费，在项目经费没到位的情况下，徐明岗和祁阳站科技人员经常默默掏出工资先垫上，保证最基本的试验不中断。

最艰难的时候是 1996—2000 年。当时，国家调整政策，不再稳定支持试验站工作。没有钱，但试验还得做下去。徐明岗没有放弃，他带着大家各种途径找经费，没有钱进行实验分析，那就先把土壤样品采集回来，等以后有了经费再分析。正是这种坚韧的品格和坚持的精神，铸就了祁阳站的厚积薄发。

前期研究的不断累积铸就了后期成果的井喷。从 2009 年以来，10 年间，祁阳站连获 5 个国家科技进步二等奖，成为全国农业野外科学实验站的先进典型，被誉为保持共产党员先进性的时代科技先锋，成为全国农业科技战线的一面旗帜。

生活从来不会亏待认真付出的人。徐明岗个人也收获了丰硕的成果：率先阐明了我国农田土壤有机质演变规律与提升技术，实现我国农田土壤有机质提升与粮食增产协调发展；首次揭示了南方红壤酸化特征驱动因素及防控关键技术，填补了高强度利用下红壤农田酸化时空特征和驱动机制研究空白，近 3 年在湖南、江西、福建等省累计推广 10 820 万亩，pH 值提高 0.2~1.0，作物增产 12%~27%，累计新增经济效益 125.8 亿元；构建了中国农田土壤肥料长期试验网络，在全国布局了 278 个土壤质量实验站，开展长期性基础性工作，推动土壤学原始创新……

徐明岗获国家科技进步二等奖 4 项，省部级一等奖 2 项；授权发明专利 3 项；以第一或通信作者发表论文 348 篇，其中 SCI 论文 59 篇，出版专著 12 部。获世界粮农组织土壤保护杰出贡献奖、美国农学会农业科学奖；农业部有突出贡献中青年专家、国务院政府特殊津贴专家和周光召基金会首届农业科学奖。

“一个人可以走得很快，但一群人可以走得更远”

2017 年 2 月，农业部党组委派徐明岗到中国热带农业科学院南亚热带作物研究所（简称“南亚所”）担任所长。56 岁的他，接过新的担子，再次踏上征程。

“刚开始，部党组派我过来，我也犹豫过。我在中国农业科学院有一支力量较强的团队，科研条件也较为优越，到了南亚所，一切都要从零开始。但转念一想，不正是因为这里的基础研究相对薄弱，才更需要我吗？这也是部党组派我来的初衷啊！”谈到当初来到南亚所的情景，徐明岗说道。

“我来到南亚所后，收获很大，真正了解到‘中国热区小，世界热区大’的内涵，中国热区面积有 52 万平方公里，世界热区有 5 200 万平方公里，中国热带农业科学院是推动我国热带农业走出去的主力军，做好了中国热带农业的科技创新，将引领世界热区农业发展，为‘一带一路’国家提供强有力的科技支撑。”

徐明岗带着这样的初心和信念，走上了新的岗位。到了所里，他干的第一件事就是梳理团队，提升团队骨干的科研思维能力。他认为，一个人可以走得很快，但是一群人可以走得更远。

在带团队的过程中，徐明岗很注重“领”和“导”。南亚所芒果研究室主任王松标回忆起徐明岗带团队的情景，感触很深：“徐所到了南亚所后，让我们每个研究室主任都用 PPT 汇报一下研究成果和今后计划。我们汇报完以后，他很不满意，提出了很多问题。比如芒果这块，全世界现在研究到了什么程度？我们想研究到什么程度？我们研究的和其他单位有什么不同？我们是从气候、地域，还是品种特性上进行关键技术攻关？一条条都要说得清清楚楚、明明白白。”整整四轮汇报，王松标才过关。通过汇报，王松标发现，芒果科研的方向更加清晰了，未来的路也理顺了。

徐明岗给南亚所科技人员带来的不仅是科研能力的提升，更多的是理念的转变和提升。王松标说：“以前，我们做科研的动力主要是评职称、发论文，现在，他给我们打开了一扇事业的大门，我们现在是带着干事业的劲头来做科研。”

南亚所科技处副处长宋喜梅对此也颇有感触：“我们所原来的工作节奏比较慢，要个材料要急了，大家还会抱怨：‘催什么催啊？’徐所来了以后，像一块石头丢进水里，激起了一片水花。刚开始，我们以为他是北京来的领导，会不适应我们的艰苦，后来发现，他比我们过得还艰苦。他虽然 50 多岁了，但拼搏精神不亚于 20 多岁的年轻人。在他的带动下，大家的观念慢慢改变了。人家年纪比我们大，成就比我们大，还比我们努力，我们还有什么好抱怨的？”

“我们都是追梦人，有梦想就有永恒的动力”

努力、拼搏、坚持、高效，是徐明岗给南亚所职工留下的工作印象。

加班，是他的工作常态。中国工程院院士黎介寿的座右铭“八小时以内出不了科学家”，徐明岗牢记在心，并身体力行。南亚所地处湛江市郊区，所里有通勤车方便职工上下班。因为加班，徐明岗经常赶不上班车。他索性就自己买了辆车。从这以后 17:00—22:00 这 5 个小时成为他最珍惜的工作时间。他说：“这段时间没有人打扰，工作效率特别高，很多材料都是这个时间段写出来的。”

成功的花朵开放在勤劳的枝头。徐明岗的一天通常是这样开始的。早上 6：00 起床，吃完早餐到南亚所上班，处理各种事务性工作，17:00 下班后，到职工饭堂吃个晚餐后迅速开启高效工作模式，22:00 后，处理邮件和当天未处理完的事务性工作，24:00 或者凌晨 1:00 就寝。

作为科技处的负责人，宋喜梅跟徐明岗工作的交集最多，在她看来，徐明岗每天都处在超负荷的工作状态。23:00 发的邮件，24:00 就收到回复，有时候是凌晨 1:00—2:00。“徐所的风格就是，不管多晚都要把今天的事情处理完。再忙，再苦，再累，他也坚持。”

努力、拼搏，源于梦想。有梦想就有目标，有目标才会奋斗。无论国家、社会还是个人，梦想都是保持生机、激发活力的源泉。徐明岗是个有梦想的人。他说：“习近平总书记说过‘我们都是追梦人’，有梦想就有永恒的动力。我来自农村，在大学时就立下志愿，要把一生所学贡献社会，贡献给土壤学。三十多年来，我一直坚持梦想，从没有放弃。”

有梦想的人生是幸福的，是充满斗志的。作为南亚所的所长，徐明岗的工作特别繁忙，出差是家常便饭。旅途中，他会拿出笔记本电脑，随时随地办公。有一次，徐明岗和同事去云南临沧市出差时，遇到强对流天气航班晚点，大家在机场从上午等到下午，同事们都很烦躁、着急，不时去询问、催促。但是，徐明岗却很淡定，一直抱着电脑工作，那种投入、专注，飞机延误对他没有产生丝毫影响。他这种对时间的把控能力和奋斗精神，让同事们深感敬佩。

徐明岗就是这样，一点一滴，以身作则，影响着身边的每一个人。

工作之余，徐明岗还会经常找研究生聊天。老师，是他最喜欢的身份。每个星期，他都会去实验楼走一走，和学生聊聊实验进展和近期生活。他常常感到时间不够，但再忙，他也坚持腾出时间倾听学生的想法，和学生深入讨论。他善于通过龟兔赛跑、小马过河等小故事，启发学生对科研的兴趣和认知，并根据学生的特点因材施教。学生常说，徐老师就像一棵大树、一座灯塔，做他的学生是幸福的。

敏锐的科研思维、丰富的学识、谦和的品格、强烈的事业心和责任感，徐明岗以他的人格魅力赢得了南亚所干部职工的爱戴和追随。

梦想，就在前方，奋斗是唯一的通途。

我们期待着，南亚所全体干部职工在他的带领下，奋力奔跑，逐梦新时代。

昆虫物语

——记中国热带农业科学院环境与植物保护研究所　符悦冠研究员

时间：2018-10-26

世界纷繁万千，无数奇妙的生物总是让人啧啧称叹。而昆虫，就是一种神奇的生物形态。其种类之多，数量之大，超过了所有人的想象。探索昆虫的世界，也就成了一件非常奇妙的事情。昆虫生存的地方，往往地处偏僻，人烟稀少。而深入森林、农田、果园去采集样本，就成为符悦冠及其团队最常做的事情。

符悦冠是中国热带农业科学院研究昆虫领域的专家，他与昆虫打了几十年交道。1963 年，符悦冠出生在海南省文昌市的一个小山村里，因为从小家境贫寒，考大学成了跳出农门的唯一途径。“当时考大学的时候，海南属于广东的一个行政区，作为农村出来的小孩，那个时候刚刚恢复高考不久，我们都有一个非常强烈的愿望，就是能够考上大学，能够学习知识，能够有一项好的工作技能。高中毕业后，在 20 世纪 80 年代初，我就考取了当时的华南农学院，现在叫华南农业大学的植保系农业昆虫专业。当然我们有我们的选择，但是我们最终还是服从国家的分配，就是录到哪个专业我们都服从，读了以后，感觉还是非常喜欢这个专业。工作以后，好像越做越喜欢，害虫的防治、益虫的应用，是很有挑战性的工作，与人类的生活和社会经济发展也密切相关，所以我是越做越喜欢这个工作。”符悦冠说。

20 世纪 80 年代，中国正处于改革开放初期。许多同龄人投身于改革浪潮中，在喧嚣的时代背景里大展拳脚。而符悦冠，却一头扎进深山密林，静听松涛鸟鸣，潜心研究昆虫。

热带地区温度高，昆虫或者害虫繁殖快，基数大。相比于别处一年繁殖一代的现象，海南的昆虫往往会繁殖两代或者三代。繁殖代数多于其他地区，也就更容易成灾。此外，海南是热带农作物大省，每年都会种植大量的瓜果蔬菜，防治害虫的重要性也就不言而喻。因此，符悦冠及其团队对昆虫的研究就成为热带农业发展最重要的事情之一。

经过不懈努力，符悦冠带领他的团队不断地在防治病虫害方面取得了诸多科研成果。这些年，符悦冠与其团队围绕热区入侵害虫监测与防治的学术与技术研究，深入系统地开展了入侵害虫的调查，以及控制基础的关键技术研究。研究阐明了螺旋粉虱、橡副珠蜡蚧、六点始叶螨和芒果茶黄蓟马等重要害虫的发生规律及成灾的生物学、生态学、分子生物学等机制，研发了系列简便高效理化诱控产品，所取得的研究成果及研发的实用技术为有效控制热带农业害虫的蔓延提供了有效的技术支撑，并且取得了良好的经济、生态与社会效益。近年来，符悦冠作为第一完成人获得中华农业科技奖科学研究成果一等奖 1 项，海南省科技进步一等奖 2 项、二等奖 1 项；以主要完成人获得海南省科技进步奖特等奖 1 项等。他所开展的研究工作更是吸引了众多外国科研人员前来交流学习，实现了科研技术的互通有无。

符悦冠说："我和团队成员将继续围绕热带作物重要害虫高效简便监测技术、天敌利用为主的生物防治技术进行攻关，也期望越来越多的年轻人加入到我们团队中来，共同做好热带农业昆虫的研究与应用工作。"

三十载春华秋实，符悦冠不断来往于山野和田郊，为热带农业驱除害弊，他身上流露出朴实无华的精神，潜心钻研的品质，既难能可贵，也在鼓舞和感染着这条科研路上的后继者。

快乐工作　美丽人生

——记中国热带农业科学院环境与植物保护研究所　陈青研究员

时间：2018-10-10

这是一个积极向上的青年专家。个头不高，戴副黑框眼镜，脸上时常挂着笑容，看起来文质彬彬又充满活力。他就是中国热带农业科学院环境与植物保护研究所（简称"环植所"）陈青研究员，国家木薯产业技术体系虫害防控岗位科学家，也是第七届海南省政协委员。

1995 年，陈青从中国农业大学毕业后来到环植所工作，从事热带农业昆虫与虫害防控研究。刚来到海南岛时，他发现，这里资源丰富，害虫也是常年发生与为害。但当时的环植所基础较为薄弱，他硬着头皮上。经过多年发展，组建了热带特色经济作物虫害研究组，成为热带农业昆虫学学科带头人，荣获海南省科技成果转化一等奖、海南省科技进步奖二等奖、中华农业科技奖二等奖等省部级科技奖 10 项。

每个奖项的获得都意味着背后艰辛的付出

为了能及时有效地将近 20 年研发出的科技成果转化为生产力，陈青通过各种途径积极主动与一线相关企业合作，并最终选择海南新和科技开发有限公司和乐东雪明农业开发有限公司，将海口三门坡、演丰和乐东的常年瓜菜基地作为典型技术示范基地。

同时，陈青积极主动与海南正业中农高科股份有限公司合作，结合该公司的绿色药剂产品和适宜海南种植的辣椒、西瓜品种，研发出 7 项轻简化实用技术，进行海南反季节辣椒、西瓜重要害虫全程绿色防控技术精品示范。2014—2016 年，在海南 15 个市县累计推广 123 万亩，授课培训 24 场，培训农技推广人员、种植大户及瓜菜农近千人次，田间现场技术指导 2 000 多人次，技术覆盖海南所有万亩大田的无公害瓜菜生产基地，整体提高了海南反季节辣椒、西瓜安全生产管理水平，防效达90%以上，亩增产20%以上，节约农药、用工等30%以上，新增销售额约15.6亿元，新增利润约1.2亿元，解决海南反季节辣椒、西瓜安全高效优质规模化生产与害虫安全有效绿色防控之间的矛盾，获得产品安全高效生产、害虫有效绿色防控、产地生态环境安全和农民增产增收四重效果，取得非常显著的经济、社会和生态效益。通过集成创新，该项成果成功申报和荣获2017年海南省科技成果转化一等奖。

谈到自己取得的成绩，他充满感恩，特别感谢一路走来，老师、同事的帮助和支持。他现在还清楚地记得，2004年，攻读中国农业科学院万建民院士的博士生时，万院士对他的严格要求。在指导论文时，万院士不厌其烦地一段段修改，要求每一段每一句都要有逻辑关系和写得明明白白。正是这样的严格要求，让陈青有了严谨的科研态度，也为他后面成果的取得打下了坚实的基础。2011年，陈青竞聘成为国家木薯产业技术体系虫害防控岗位科学家后，每年考评都获得优秀。

爱因斯坦曾说过："每个人都有一定的理想，这种理想决定着他的努力和判断的方向。"回想走过的路，陈青感慨命运的奇妙。他说："小的时候，我看到电视上报道'两弹一星'的科学家，特别激动，我也想长大后当一名科学家，现在，我真的成为了一名国家现代农业产业技术体系岗位科学家。"正是小时候这种理想，照亮了陈青前行的道路，成就了如今的他。

做科研最开心的事，莫过于让老百姓受益

木薯是一种热带作物，一般都是在环境非常恶劣的地方种植。但是规模化种植后，虫害就会多发。针对虫害多发情况，陈青和团队成员针对性研发出几种轻简化实用技术：种茎绿色药剂浸泡处理预防减灾轻简化实用技术、根际微生态环境调控预防减灾技术、土坑及生物药剂毒饵诱杀减灾技术、合理间套种预防减灾技术、抗虫种质资源挖掘与创新利用技术等，应用效果显著。

2009—2011年，广西壮族自治区北海市合浦沙道村整个村的木薯都被地下害虫为害。陈青用3年时间，利用上述技术控制了虫害，挽救了整个村的损失。2012年，云南勐海高山山地种植木薯种茎，长期受到白蚁的为害，病恹恹的。陈青用了1年时间控制了虫害，现在的勐海，满山遍野木薯茁壮生长。江西省上饶市余干县玉亭镇的一个老太太，家里人口多，穷得揭不开锅。陈青用两年的时间，耐心帮扶，教授种植技术。老太太承包了300亩地种木薯，陈青为她家提供了良种筛选、种茎处理、栽培管理、病虫害防控等全程减药减肥的种植技术指导，每年赚 10 多万元。老太太笑得合不拢嘴，见人就说：“真是天掉馅饼，感谢陈教授啊，他就是老天送来的馅饼啊！”

老百姓朴实真切的情谊最让人感动

2013 年，陈青在云南布朗族的村寨手把手教村民各种木薯轻简化实用技术，用最简单最真诚最实用的语言和行动为村民进行实地指导，每天和村民同工同吃同乐，得到了村民们的高度认可。临走时，整个村的人带着食物，带着米酒，都来相送，对唱山歌，歌尽酒干，大家眼泛泪花，依依惜别。

2016 年，陈青当选为第七届海南省政协委员，作为中国热带农业科学院农业组的唯一政协委员，陈青不遗余力为农业科技发声，多次向全国政协、海南省政协提交建议报告，还积极参与东方大田的辣椒扶贫等工作，身体力行推进热带农业科技发展。

“我热爱科研工作，热爱热科院这份事业。”对事业深深的热爱，成为陈青努力工作的原动力。

陈青是个大忙人，因为他不仅在实验室，在田间地头搞科研，他还长期承担国家和地方的各种技术培训，比如，东南亚、非洲国家虫害监测与防控专项培训，为地方和国外种植户送技术。仅“十二五”期间，他就培训了 2 000 人次。

俗话说：“授人以鱼，不如授人以渔。”陈青认为，培训是较快改变农民观念的一种方式。2018 年 9 月，陈青前往非洲国家培训时，被桑给巴尔前总统邀请到自己的庄园，对当地工人进行热带果蔬高产高效种植技术培训，陈青的耐心与细致得到了前总统的高度赞扬。培训结束，工人们唱起了歌，感谢陈青的指导，陈青也唱了三首歌，回赠当地人民的热情好客。谈到这里，陈青的脸上满是笑容。对他来说，作为一名农业专家，能在异国他乡传播农业技术的同时传播中国文化，成为两国友谊的桥梁，真是太有成就感了。

这就是一个热带农业科技工作者的情怀，一个情感丰富、热爱工作、热爱生活的农业科学家的真实写照。

在陈青的心中，所有的作物都是一道亮丽的生态风景线。谈到今后的规划，他表示，将继续做好热带作物害虫监测与绿色防控及抗虫种质资源的挖掘与创新利用工作，创建热带农业昆虫分子生物学与功能基因组学学科，将理论与实践有机结合起来，真正把论文写在大地上，促进热带农业发展，为乡村振兴贡献力量。

瞄准鱼类疫病，服务海水养殖

——记中国热带农业科学院热带生物技术研究所　胡永华研究员

时间：2018-07-30

近年来我国海水鱼养殖产业规模迅速扩大，产量急剧增加的同时也带来了病害的频繁爆发，病害每年给养殖业造成巨大的经济损失；另外，由于病害发生而使用抗生素等药物，不但造成食品安全隐患，影响消费者健康，还导致耐药性微生物增加及生态环境的破坏。因此，绿色无公害的新型病害防控手段的开发应用成为保障海水鱼类养殖业健康可持续发展的关键因素。

勇于探索，硕果累累

胡永华2009年毕业于中国科学院大学，之后在中国科学院海洋研究所开始从事鱼类疫病防控的研究。在多项国家、省部级项目的资助下，围绕病原的致病机制、鱼类免疫与疫病免疫防控开展工作，取得了多项创新性成果。开展鱼类疫病的免疫防治工作首先需要对病原的致病机制有深入系统的理解。胡永华等鉴定和分析了鱼类重要致病菌迟缓爱德华氏菌、弧菌和荧光假单胞菌的多个毒力因子/系统及其作用，进一步揭示了这些致病菌的致病机制，并为疫病的防治提供了重要的理论依据。Hfq为一RNA分子伴侣蛋白，是细菌重要的转录后调节因子，在多种细胞生理活动中起着重要作用。他分析了迟缓爱德华氏菌RNA分子伴侣蛋白Hfq在细菌的致病过程中的作用，构建了hfq缺失突变株，发现与野生株相比，hfq缺失突变株的毒力大幅下降，hfq突变株的组织侵染和定殖能力、生物被膜形成能力、抗氧化压力能力和在巨噬细胞中存活能力等均显著减弱；荧光定量PCR和蛋白质组学分析表明hfq的失活改变了多个基因的表达水平。总之，*hfq*为迟缓爱德华氏菌毒力所必需的基因，在转录和转录后水平影响多个基因的表达。相关研究成果发表在国际兽医科学研究领域排名前列的*Veterinary Research*上。

对鱼类免疫学的研究将有力地促进鱼类疫病的免疫防治工作。胡永华等鉴定、分析了大菱鲆、牙鲆和半滑舌鳎等重要海水养殖鱼类多种免疫相关因子，并阐明了这些因子在免疫应答中的作用，研究结果丰富了鱼类免疫学知识，加深了对鱼类免疫应答机制的理解。趋化因子是指具有吸引白细胞迁移到感染部位的一些低分子量的蛋白质，在炎症反应中具有重要作用。胡永华等克隆、分析了大菱鲆趋化因子SmCXCL8，发现其表达与细菌感染和抗原刺激紧密相关，SmCXCL8能以剂量依赖性的方式对外周血白细胞、头肾淋巴细胞和巨噬细胞具有趋化作用，且能刺激这些免疫细胞的增殖，因而能增强细胞对胞内细菌侵染的抵抗，这些研究结果表明大菱鲆趋化因子 SmCXCL8 是一个具有免疫调节效应的功能性趋化因子，参与了细菌感染引起的炎症反应。相关研究成果发表在免疫学重要刊物 *Developmental and Comparative Immunology* 上，并被该刊物评为 Top 25 论文。

相比于抗生素等化学药物治疗手段，以疫苗为主的免疫防治手段不仅能避免耐药性、环境和食品安全等问题，而且能有效地控制病害，因而鱼类疫苗等免疫防治方法的研究已成为鱼类疫病防治的重点和热点。胡永华等突破了传统亚单位疫苗和注射疫苗的局限，利用转基因细菌传递疫苗的新理念，构建了不同类型的疫苗（多价 DNA 疫苗、细菌传递的亚单位疫苗和具有交叉保护效应的减毒疫苗等），为鱼类疫病的免疫防控提供了具有良好应用前景的候选疫苗。利用迟缓爱德华氏菌活疫苗 ATCC15947 和哈氏弧菌的亚单位疫苗 DegQ，构建了一个具有交叉保护效应的弱毒疫苗 Et15VhD，实验室条件下和模拟田间条件下的免疫保护试验结果表明，该疫苗对迟缓爱德华氏菌和哈氏弧菌均具有显著的免疫保护作用（相对免疫保护率分别为 75%和 81.8%），并研究比较了注射、口服、浸泡和口服加浸泡等不同的疫苗免疫方式，发现口服加浸泡的免疫方式是一种较为理想的免疫途径。相关研究成果发表在国际疫苗学权威刊物 *Vaccine* 上。

自 2009 年以来，胡永华已发表第一作者论文和通信作者论文 36 篇（JCR I 区论文 25 篇），论文总影响因子超过 100，有 2 篇论文被国际生物医学搜索引擎 BioMedLib 评为 Top 20 论文，有 1 篇论文被评选为 Top 25 论文；论文他引 300 余次，单篇论文最高他引 57 次；6 项疫苗研发技术获得国家授权发明专利；已有 1 个鱼类疫苗获得农业部生物安全证书；先后荣获国家海洋局海洋创新成果奖、海洋科学技术奖、青岛市自然科学奖等多项奖励，入选中国科学院青年创新促进会会员，获中国科学院卢嘉锡青年人才奖、中国科学院沈阳分院第三届“优秀青年科技人才奖”和青岛市青年科技奖等荣誉称号。

爱岗敬业，孜孜不倦

“对未知的探索是我不断攀登的动力，这个过程中的思考往往带给我更多乐趣和新发现，科研带给我别样的生活热情。”胡永华热爱自己的研究工作和教育事业，兢兢业业地奋斗在科研前线。作为研究生导师，胡永华悉心指导着每一位学生，在培养学生扎实的实验技能的同时还有意识培养他们的学术思维、创新能力。他在科研工作中踏实认真的态度也影响着他的学生；在生活上，他给予学生无微不至的关怀，这种亦师亦友、教学相长的关系赢得了学生的信任和敬重。对从事科研的人来说，勤奋就是成功之母，他勤于思考，也勤于付诸行动，他的勤奋感染着身边很多人。

曾记得著名的作家契诃夫说过：“想喝水时，仿佛能喝下整个海洋似的——这是信仰；等到真的喝起来，一共也只能喝两杯罢了——这是科学。”科学研究更是这样，只有走在路上的人才知道这条路很长且并不平坦，但依然有着无数的科研工作者为发现真理而兢兢业业、锲而不舍，胡永华就是这样一位勤奋上进、信念坚定的优秀青年科学工作者。

新岗位，新挑战，新使命

2017 年 9 月起，胡永华回到了曾经学习和工作的地方——中国热带农业科学院热带生物技术研究所，开始从事热带海洋生物资源研究，担任热带海洋生物资源与利用研究室主任，负责组织申报海南省海洋生物资源功能性成分研究与利用重点实验室并顺利获批设立，获得了南峰专项 II 期 1 项子课题资助，获得中国热带农业科学院高层次人才引进项目 1 项和创新人才培养类项目 1 项，入选海南省“百人专项”。海南正迎来了历史上难得的好形势，热带海洋生物研究也巧遇前所未有的好机遇。新机遇、新挑战、新征程，胡永华将带领团队以勤奋务实的态度，怀着感恩的心，去完成新的使命。

脚踏实地　风雨践行二十载

——记中国热带农业科学院热带作物品种资源研究所　杨衍研究员

时间：2017-06-22

23 年来，他始终与苦瓜为伴，充盈着自己的科研生活，为种植优质苦瓜的农民送去了丰收和甜蜜，也为百姓餐桌送上健康蔬菜。

23 年来，从实验室到田间地头，他一直坚持把论文写在大地上，坚持做好苦瓜种质资源收集评价及利用、种质创新与优良新品种选育的研究工作，围绕南菜北运蔬菜质量安全隐患，选育抗病虫抗逆性新品种，力争做到提质增效。

他就是杨衍——中国热带农业科学院热带作物品种资源研究所蔬菜研究室主任、研究员、研究生导师。他还有许多头衔，如海南省农作物品种审定委员会蔬菜专业委员、中国热带农业科学院蔬菜学重点学科负责人、热带蔬菜学术委员会主任、热带蔬菜产业技术创新团队负责人、海南省“515人才”第二层次人才、中国热带农业科学院“百人计划”人才等。面对众多头衔，他说，这都意味着一份责任与期望。

扎根黄土地　培育优质苦瓜

从大学毕业至今，杨衍在海南这片热土上行走了23年。他脚踏实地，风雨兼行，带着热忱投身科研工作，把汗水和青春挥洒在了他走过的每一片土地。杨衍经常说，海南赋予了育种工作者天时地利的优越条件，只要加上自身不断的努力、坚定的信念、稳扎稳打的决心，守得住清贫，耐得住寂寞，一定能在育种的研究工作中取得辉煌成就，创造惊人的奇迹。

正是秉承着这样的信念，杨衍一步一个脚印走到今天，在众多的蔬菜品种中选择了苦瓜作为他的研究对象，并且一直坚持到现在。可以说，苦瓜是他实现育种梦想的萌芽，几十年如一日不懈的努力和探索为他的育种梦想插上了腾飞的翅膀。

为了做好育种工作的第一步，杨衍先后从日本、泰国、印度、巴布亚新几内亚、格林纳达、哥斯达黎加、圭亚纳、巴西等国家和地区收集苦瓜种质资源1 000余份，通过综合评价植物学特性、生物学特性和田间农艺性状，对优异的种质资源进行相关分析和通径分析，为优良新品种的选育工作奠定了坚实基础；他在国内首次构建了苦瓜种质资源的AFLP指纹图谱并评价鉴定其亲缘关系；针对苦瓜生产中雌花率和结果率较低的问题，他首次采用植株整体研究系统开展了性别分化机理的研究；针对苦瓜白粉病、枯萎病频发问题，他重点开展了苦瓜抗白粉病、抗枯萎病资源筛选与鉴定评价以及抗性机理机制研究、苦瓜基因组测序和苦味基因功能的诠释，取得了突破性进展。

育种工作十分艰辛，不管海南的太阳有多热辣，杨衍始终迎着烈日、冒着酷暑，穿梭于田间地头。功夫不负有心人，经过多年的坚守和付出，他利用雌性系和杂种优势原理选育出3个具有自主知识产权的苦瓜新品种，在海南全省实现了大面积的示范推广，得到了农民一致好评，实现了优质高产、农民增收。

科研不停　学无止境

攻坚克难搞科研，创新驱动求发展。搞科研的，就要敢于尝试、要坚持不懈，但任何创新离不开知识的沉淀积累。

杨衍始终认为科研工作是一个需要不断学习、不断提高的行业。为了把科研做得更加得心应手，杨衍并不安于现状。对知识和创新的渴求促使他不断学习，在工作之余杨衍先后取得了硕士、博士学位，在积累实践经验的同时用理论知识武装了自己的头脑。

平日里，杨衍把大部分时间都献给了苦瓜新品种的研究，想要在繁忙紧张的时间里抽出时间学习，需要极大的恒心和毅力。多少个日夜挑灯夜战，多少个节假日不敢懈怠，这其中的劳累和充实或许只有杨衍自己知道。

科研人员不仅要心系黄土地，更要有更高远的眼光。1998 年，杨衍决定出国深造，选择前往农业科研处于领先地位的日本交流学习一年，这又让他的科研工作有了质的飞跃。

一分耕耘，一分收获，二十几年的点滴累积和不懈努力造就了他在科研工作中的成绩。他带领的科研团队，从最初 6 名成员发展到现在 17 人的队伍，每个新成员的引进和培养都倾注着大量的心血，团队结构逐步优化完善；他主持科研项目 22 项，参与项目 40 多项，经费近 3 000 万元，包括科技部星火计划、科技部支撑计划项目、科技部国际合作项目、农业农村部公益性行业（农业）科研专项、海南省重大科研专项、海南省重点科技计划项目、海南省外专局引智项目、海南省自然科学基金项目、“948”项目子课题、中南美洲项目子课题、科技部中泰长期交流项目、中国热带农业科学院创新团队专项、中央级公益性科研院所基本科研业务费、非营利性科研机构改革专项；通过农业农村部成果鉴定（验收）8 个，通过海南省品种审定 3 个，部分成果已达到国内同类研究领域领先水平；申报各类专利 15 项，已获批专利 10 项，其中发明专利 5 项，实用新型专利 5 项；先后获得省部级成果奖励 7 项，其中海南省科技进步二等奖 2 项，海南省科技成果转化二等奖 2 项，海南省科技进步三等奖 3 项；在国内外学术刊物发表论文 60 多篇，编写论著 6 部。

心系百姓　服务“三农”

科学研究要以人为本、取之于民、用之于民，农业研究更应如此，了解一线农民的需求、了解消费者的需要是育种工作者的必修课。因此，2012 年中共海南省委组织部选派杨衍到琼中挂职锻炼，担任副县长一职，分管物价局、林业局、农技中心、科协等 4 个部门的工作，协助其他县领导分管科技培训，主抓“绿化宝岛”工程建设和常年蔬菜基地建设工作。

挂职期间，在杨衍的带领下，琼中新增常年蔬菜基地面积 1 232 亩，每日约有 1.91 万千克蔬菜供应城区居民，蔬菜自给率达 73.4%，举办各类农村实用技术培训班 270 期，培训农民 3.2 万多人次；完成造林总面积 3.11 万亩，建设城镇公园 2 个，水果观光果园 1 个。

服务“三农”是将科研成果融入实际生产的最佳切入点，杨衔珍惜每一次服务“三农”的机会。为了让每次活动真正取得实效，活动前期，他都带专家团队深入调查、摸底、咨询农民需求，撰写《农民培训计划方案》；开展培训班，现场培训种植户，发放培训资料，逐一回答种植户的每个问题；他将选育的优良苦瓜品种推广到海南省屯昌县、保亭县、五指山市、万宁市、澄迈县、陵水县、三亚市等苦瓜主产区，示范面积累积达 20 万亩，得到种植户的一致好评，真正实现了优质、高产、增收。到了 2014 年，杨衔又被选派到农业部挂职锻炼一年，这也是对他工作的认可。

科研与产业是相辅相成、相互依托的关系，没有科研支撑的产业缺少灵魂，没有产业验证的科研缺少躯壳。作为育种科研人员，杨衔最骄傲的就是将自己的科研成果投入到实际的生产中，为苦瓜优质品种的培育、为栽培者的增收、为消费者餐桌的需求、为热区蔬菜产业的发展贡献着自己的绵薄之力。

与企业合作是将科研成果转化成生产力的有效途径，杨衔带领专家团队多次到北京、云南、广西、广东、湖南等省及海南省各市县考察调研，并与多家企业建立合作；他多次前往墨西哥、日本、泰国、柬埔寨、斐济等国家开展学术交流和参观考察，带回前沿的学术思想和优良的种质资源，并参与国内企业的农业生产规划；他也满怀热情地响应国家热带农业“走出去”战略，将先进的蔬菜新品种新技术带到非洲和南太平洋岛国，践行一名科技工作者的不倦使命，足迹遍布中非、赤道几内亚、喀麦隆、肯尼亚、斐济和汤加等国家。杨衔凭借踏实、执着、笃定的毅力和信念，二十余年的日夜兼行，将科研成果在我国和世界热区的土地上谱写出美丽的篇章！

生态循环农业的践行者

——记中国热带农业科学院环境与植物保护研究所　李勤奋研究员

时间：2017-04-11

李勤奋，博士，研究员，硕士生导师，中国热带农业科学院环境与植物保护研究所副所长，中国热带作物学会理事、中国热带作物学会生态环境专业委员会主任，中国热带农业科学院学术委员会委员、学术委员会生态农业专业委员会主任、应用生态学一级重点学科负责人、热带生态农业研究中心主任等。主要从事热带农业产地环境安全性评价与污染防治技术、热带农业废弃物资源化利用与循环农业技术方向的研究工作。

一路汗水　一路风景

李勤奋2004年进入环植所工作，十几年如一日地奋斗在科研一线工作，从零开始抓起资源环境学科建设和团队建设，构建了应用生态学学科体系、生态农业创新团队、所生态农业和农业环境两个研究室。从2个人的研究小组到近50人的研究团队，从一张办公桌到2 000米^{2}的研究平台，从实验室的研究论文到服务热带生态产业，每一点进步都浸透着她辛勤的汗水。目前，团队有在职科研人员32名，其中高级职称10名，外籍特聘研究员1名，博士生导师2名，硕士生导师5名，博士学位研究人员18名，硕士学位研究人员15名；与海南大学、华中农业大学、南京农业大学、海南师范大学联合培养研究生20余名。工作期间主持和参与国家级和省部级项目20多项，包括国家支撑计划项目、农业部行业科研专项、国家产业技术体系、海南省重大科技计划、国家自然科学基金、省重点研发专项等；已完成鉴定和验收成果4项，获奖成果3项；发表研究论文100余篇，其中SCI、EI论文17篇；申报专利18项，获批专利7项；先后获院“三八红旗手”“五四青年奖章”“百人计划”入选者等荣誉称号。可以说，这些成绩是她用汗水浇灌出的一路风景！

生态是生产力　不是软道理

李勤奋是研究室微信群里的“话痨”，她经常会分享一些对于生态农业的所看所想：看到一篇关于生态农场的报道，分享共同学习；参观生态农场的产业模式，就在群里讨论在海南的可行性；学术报告听到其他专家关于生态农业的技术或观点，立刻分享，借鉴学习……从每次的分享中，看出了李勤奋对于热带生态循环农业孜孜不倦地学习和探索。然而，李勤奋所带领的团队并不是只在论文上、学术报告上侃侃而谈，他们更加注重生态循环农业技术在产业上的转化应用，注重将生态的理念转化成生产力。

2016年李勤奋带领的生态农业研究中心与海南亿地实业有限公司正式启动了“食用菌生态循环农业产业技术联合研发与转化”合作，以团队为依托建立了企业研发中心，解决以食用菌废弃物循环利用为核心的循环产业关键技术，着力打造循环农业新模式，带动企业转型升级。未来几年，团队的一个工作重点就是加强与企业合作，深入生产一线解决产业循环模式构建的关键问题，为地方循环农业发展做好技术支撑与服务。

2016 年应海南省电视台《脱贫致富电视夜校》栏目组的邀请，李勤奋在节目中介绍了食用菌生态循环种养技术及其在产业可持续发展、扶贫脱困中的作用。节目播出后群众反响热烈，课后李勤奋率领的生态农业食用菌团队专门做了“食用菌产业助力生态脱贫”“秀珍菇栽培技术培训”的主题报告，为海南各县市农村贫困户培训了秀珍菇生产管理主要技术环节。节目培训对当地农民的带动作用很大，在教会农民利用生态种养技术脱贫致富的同时，也让农民感受到保护生态也是在提高生产力，增强了农民保护生态环境的意识与积极性。

根植热土　献身热作植保事业

——记中国热带农业科学院科技信息研究所　　黄贵修研究员

时间：2017-03-30

作为我国热带农业科研领域内的行业翘楚，中国热带农业科学院环境与植物保护研究所承载着时代赋予的神圣使命，当我们将赞许的目光投注在这支实力雄厚的科研队伍时，一位献身橡胶、木薯和香蕉等主要热带作物病害监测与控制领域近 30 载的科技工作者进入我们的视野。年复一年，日复一日，他始终心怀一位共产党员的满腔热忱和无限忠诚，脚踏实地，俯身实干，攻坚克难，开拓创新，为我国热带农业持续健康发展做出了卓著的贡献。他就是全国农业科研杰出人才黄贵修研究员。

攻坚克难、潜心研究，做天然橡胶产业的“安全卫士”

天然橡胶是我国重要的战略物资，也是农民致富增收的摇钱树。对一名植保科研工作者来说，保障橡胶产业健康发展是义不容辞的责任和义务。近年来，橡胶树白粉病、炭疽病、棒孢霉落叶病、茎干溃疡病等常发病害严重危害橡胶产业发展。危急关头，黄贵修带领团队攻坚克难、潜心研究，做天然橡胶产业的“安全卫士”。

近年来，棒孢霉落叶病已在我国几乎所有橡胶苗圃和部分成龄胶园发生为害，潜在威胁巨大。为了摸清该病疫情蔓延情况，及时进行监测预警，2006 年以来，黄贵修带领团队多次前往云南河口、西双版纳、德宏、临沧，广西东兴，广东茂名、阳江、湛江，海南全岛等地开展调研，或顶着烈日，或冒着风雨，走过崎岖不平的山路，踏过荆棘遍布的小道，几乎跑遍了国内所有的橡胶苗圃。摸清疫情的同时，黄贵修带领团队迅速研发该病防控技术，建立其监测技术标准和网络，研发的兼治多种叶部病害新型药剂——“保叶清”烟雾剂和航空植保配套剂型，在海南、云南和广东等橡胶产区推广面积已超过 30 万亩，挽回经济损失超过 1.5 亿元。主要研究成果获 2011 年海南省科技进步奖一等奖。

为了让更多胶农受惠，黄贵修还及时总结经验，主编出版了《橡胶树主要病害诊断与防治原色图谱》《中国天然橡胶病虫草害识别与防治》《巴西橡胶树棒孢霉落叶病》等著作，同时制作科技服务明白纸及宣传材料，及时传播橡胶树病虫害防治知识，得到国内外同行的广泛认可。2014 年他被推选为国际橡胶研究与发展委员会（IRRDB）植保专家组联络官，2015 年入选全国农业科研杰出人才及“橡胶、木薯病害监控创新团队”牵头专家，并于 2013 年荣获“中国天然橡胶协会优秀工作者”荣誉称号。

围绕需求，锐意进取，为我国香蕉和木薯产业健康发展保驾护航

香蕉枯萎病是我国香蕉生产上的毁灭性病害，威胁巨大，黄贵修带领研究团队，系统开展香蕉枯萎病生防内生菌资源的收集、评价与利用研究，从病区健康植株上分离获得多株对香蕉枯萎病菌具有明显拮抗作用的专利内生菌株，并成功培育出抗病种苗 BR99，大田应用防效达 70% 以上。该成果获得了 2012 年海南省科技进步奖二等奖。

作为国家木薯产业技术体系病害防控岗位科学家，黄贵修深入生产一线，首次系统开展国内木薯病虫害种类调查、检测监测与控制基础及关键技术研究，填补了国内相关研究的空白。在国家木薯产业技术体系年终考核中，连续 9 年成绩“优秀”。

创先争优，服务“三农”，积极投身热带农业科技服务与推广工作

2014 年 3—6 月，在海南农垦及许多民营胶园暴发流行了一种毁灭性新病害——茎干溃疡病，病情来势凶猛，为害极大。黄贵修接到电话后，刚从云南出差回来，顾不上回趟家，马上赶赴海南琼中、儋州和白沙等多个发生地实地考察，筛选出防治药剂，制定了防治方法和推广应用，有效地控制了该病的传播与蔓延。

2014 年 7 月 18 日，超强台风“威马逊”重创海南、广东、广西，农作物受损严重甚至绝收。台风一过，黄贵修马上赶赴受灾现场，亲自指导并参与救灾行动。海南海口、广东湛江、广西北海，重灾区处处可见他的身影。

除了现场指导，他还通过邮件传递、电话联系等方式给受灾农户提供第一时间的指导，尽可能将风灾损失降到最低。

近年来，黄贵修走遍了国内橡胶和木薯主产区，特别是海南的各个橡胶农场和主要木薯种植地，举办培训班 20 多期，培训农民和技术骨干超过 1 000 名，发放科普材料及病虫害防治明白纸 15 000 多份，促进了地方农业增效，带动了农民增收致富。

认真履职，勇于担当，全心推进单位事业快速发展

黄贵修在工作上勇于担当，群众基础好，业绩突出。特别是 2012 年，环植所所长和其他几位副所长因学习和挂职不在单位，他担起了重任，带领全所有序推进各项工作开展。当年 11 月，该所创新主体要从儋州转移至海口办公，工作千头万绪，黄贵修都亲力亲为，经过近半年的艰辛工作，圆满完成了单位的战略转移工作。

2015 年，黄贵修受农业部选派，作为中共中央组织部、共青团中央第十五批赴黔博士服务团成员前往贵州省农业科学院挂职锻炼，任院党委委员、副院长，主要协助院党委书记、院长持续推进贵州山地特色农业产业健康发展，协同院分管领导联系植保所、土肥所和热作所等方面工作。成绩突出，被确定为 2015 年贵州省管干部年度考核“优秀”等次。

黄贵修出色的组织管理能力，受到院领导及单位职工的高度评价。2010—2013 年，环植所连续 4 年被评为中国热带农业科学院先进集体，所党委被省直工委评为 2008—2011 年度先进基层党组织；黄贵修先后荣获 2010—2012 年海南省创先争优活动优秀共产党员、海南省优秀科技特派员、2015 年海南省“515 人才工程”第二层次人才、2016 年度海南省有突出贡献的优秀专家，中国热带农业科学院优秀共产党员、优秀党务工作者、杰出科研人才、国际合作牵头专家及“百人计划”入选者等荣誉称号。

甘为人梯、乐于奉献，科研、育人硕果累累

近 5 年，作为博士生导师，黄贵修先后培养研究生 23 名，毕业生就业率达 100%，指导论文获“优秀毕业论文”7 篇。对家庭困难的学生，他悉心照顾，为学生排忧解难。

在培养年轻科研人员和行政后备干部方面，黄贵修同样倾入大量心血，培养了一批优秀的年轻后备干部和一支优秀的橡胶、木薯病害监控创新团队。近 5 年，该团队先后承担国家、部省级科研课题 20 多项，在国内外学术期刊上发表论文 80 多篇，出版著作 7 部；获批国家发明专利 4 项，主持制定国家农业行业标准 6 项；获奖成果 9 项；在国际会议上做学术报告 19 次，承担援外培训任务 8 次。

在潜心基层、耕耘热土的近 30 年间，黄贵修没有铮铮豪言，没有滔滔壮语，有的只是默默付出，潜心探索。近 30 年来，他不仅致力于运用新的科研成果为热区农业农村经济发展提供技术支撑，还经常深入农村，走进基层。“农业梦”是“中国梦”的重要组成部分，需要农业科技者共同参与、共同编织，攻坚克难，开拓创新，业惠百姓，造福“三农”！

一片丹心为热作

——记中国热带农业科学院热带作物品种资源研究所　陈松笔研究员

时间：2016-07-13

陈松笔，男，生于海南儋州，博士。中国农业科学院，副研究员。新西兰农业研究所，访问学者。以色列农业部农业研究中心，博士后研究。英国曼彻斯特大学生命科学系，副研究员。中国热带农业科学院国际交流合作处，副处长。中国热带农业科学院热带作物品种资源研究所，副所长，研究员。

这是 50 岁陈松笔博士的轨迹。

一步步奋斗，一步步攀登。带着对热作事业的深深热爱，陈松笔博士义无反顾地扑在祖国的热土上。

努力进取　就职英国高等学府

1997 年，陈松笔攻读完他的博士学位，就职于中国农业科学院生物防治研究所，在中国农业科学院工作的 5 年间，曾前往新西兰农业研究所做访问学者等，在国内外多个研究机构从事与植保有关的基础研究，打下了扎实的理论基础，获得了丰富的研究成果。2002 年，他带着强烈的求知渴望，远赴重洋，只身来到以色列，在该国农业部农业研究中心从事博士后研究工作。带着中华儿女吃苦耐劳的光荣传统，经过 4 年的刻苦努力，出色地完成了他的研究工作。他在研究常温长期贮存昆虫病原线虫方面取得了重大突破，使昆虫病原线虫常温贮存期延长达 5 个月，该技术达到国内外领先水平；发现休眠昆虫病原线虫具有交叉抗性和特异蛋白质的表达，研究了线虫休眠后的整个蛋白质调控机制，该研究结果达到世界领先水平；研究出不同基因型番茄和外用甜菜碱在盐胁迫过程中的蛋白质调控网络，是作物耐逆栽培和育种提供理论研究的显著进展。

2006年，陈松笔由于出色的业绩被英国曼彻斯特大学聘为生命科学系副研究员。作为主要完成人，他承担英国生物技术与生物科学研究委员会（BBSRC）资助的项目，第一次发现细胞染色质内两个肿瘤重要标记蛋白作用机制，并首次阐明细胞骨架蛋白与信号传导之间的交叉应答关系，研究论文发表在国际蛋白质组学研究权威杂志 *Journal of Proteome Research*、*Journal of Cell Science* 上。国际一流水平的成果，增加了他的信心，也树立了中华民族儿女的傲人形象。

义无反顾　一片丹心为热作

身在海外，心系祖国的陈松笔博士，每时每刻都在关注着祖国热作事业的发展与变化。在事业有成，更确切地说在出国之时，他就暗下决心，在掌握了国际先进的科研技术和试验方法之后，就要报效祖国，为养育他的热土地上的人民服务。他认为，只有这样才能体现他的人生价值。

其实，2007年他在英国曼彻斯特大学生命科学系工作时，就已经和中国热带农业科学院热带作物品种资源研究所李开绵研究员的木薯课题组进行木薯蛋白质组学方面的合作。在全球范围内"科技将孕育新的突破"的背景下，他获知，祖国的热作产业如不能在相关领域的基础和应用基础研究方面取得新进展，解决农业生产特别是种业生产的技术瓶颈就有可能错失难得的历史发展机遇。这时，他果断地作出了一个令大家意想不到的抉择，婉言谢绝众多英国同行和朋友的挽留，放弃了优越的工作生活环境，义无反顾地回到祖国美丽的海南岛，在幽静的宝岛新村搭建起科研平台，一身扑在他深爱的热土地上。

他说，对于一个从国外回来的知识分子来说，把根深扎在淳厚的民族土壤和现实生活之中，才能架构起丰满的知识结构和科学的世界观。

2008年，归国后，他搭建科研平台，组建创新团队，潜心研究，把木薯蛋白质组和分子辅助育种作为主要研究方向。此时，木薯被列入国家产业体系，科研平台基本形成，木薯也是我国重点发展的生物能源作物之一，在热作产业中重要性位居第二，在科研经费、科研平台等上，国家和单位都给予了较大的倾斜和支持。在我国木薯科学研究的春天里，他如沐春风，如鱼得水，一心扑在工作上，不知疲倦地徜徉在祖国热作科研的海洋里。

名不虚传　科学研究成果斐然

忘我工作的陈松笔博士，吸收国外先进经验，大胆建立起适合热作科研、行之有效的管理办法。他优化团队，整合资源，发挥优势，创新思路，和团队成员一起，克服种种困难，取得了斐然的科研成果。

回国后主持国家自然科学基金重大国际（地区）合作项目、国家自然科学基金面上项目、国家“863 计划”子课题、海南省创新创业人才基金、国家外专局项目和中英非挑战发展项目等 13 项。发表论文 80 多篇，其中在 *J Proteome Res*、*J Exp Bot*、*J Cell Sci*、*PLoS ONE* 和 *BMC Plant Biology* 等 SCI 期刊发表论文 33 篇（SCI 收录论文引用率 529 次）。2010 年，被美国 SCI 收录杂志 *Frontiers in Bioscience*（2010 年影响因子 3.737）聘任为“疾病 RNA 结合蛋白质”研究方向的总编辑。申报发明专利 12 项，获专利授权 6 项（其中国家发明专利授权 3 项，实用新型 3 项）。国审品种 1 个（排名第四），认定新品种 1 个（排名第一）。2010—2016 年任木薯研究中心主任，该中心 2013 年获全国农业先进集体称号并获中华农业科技优秀创新团队奖（排名第二）。

放眼世界　推动热作品种改良

缺乏具有特色的热带农业作物新品种开发与利用，是严重制约热带现代化农业发展步伐的重要原因。推动热带作物品种改良成为陈松笔和他的科研团队的重要工作之一。

他带领团队成员，以改良木薯品种为切入点，搭建起联合蛋白质组学实验室平台。实验室以木薯、热带南药、热带果树、热带花卉和水稻等重要热带经济作物为研究对象，提供蛋白质组学的培训、技术开发和转移、科学研究和生物信息平台。

热带作物品种的改良离不开种质资源的引进和研究。他放眼世界，通过联合平台建设，以引进国外珍贵和特异的热带作物种质资源和先进技术。如与巴西国家农牧研究所 Carvalho 教授合作，通过巴西木薯特异种质资源的引进、评价与蛋白质组学研究等合作项目，获得巴西一批珍贵、稀有的木薯变种。利用这些木薯变种，深层次挖掘与特有代谢途径相关的重要基因资源，分析验证重要功能基因，提高生物能源作物的蛋白质组学研究水平，提升热作产业的国际影响力，使热带生物科学基础理论取得突破进展，为现代农业和生物产业作出贡献。

他瞄准国际热带农业科技前沿，希望通过挖掘我国特有的热带植物基因资源，揭示热带植物生长发育、逆境调节和病虫害防控的蛋白质调控机理，早日为我国热带产业培育出高产、多抗、优异的新种质。

他说：“联合蛋白质组学实验室将根据国家战略需求，‘三农’需要和热作产业需要，培养高水平专业技术人才，把实验室建设成与国际接轨的世界一流实验室，培育出更好、更多的热带作物新品种，加快热带农业作物新品种开发与利用的速度。”

梦圆热作　共谱辉煌

由于陈松笔较高的学术水平及其在热作科研中所作的贡献，2010 年被聘任为中国热带农业科学院第九届学术委员会学术委员，同时被任命为中国-尼日利亚木薯中心主任和农业部木薯专业重点实验室副主任，2012 年获第二批“海南省高层次创新创业人才”称号，2013 年任命为中国热带作物学会薯类专委会常务副主任，2014 年被选为中国植物生理与植物分子生物学学会第十一届理事会理事，国际热带薯类作物学会亚洲分会（ISTRC-Asia Branch）负责人及全国热带作物品种审定委员会专家库首批专家和中国博士后科学基金评审专家。

陈松笔有着丰富的国际合作经验，2011 年被任命为中国热带农业科学院博士后管理委员会委员和中国-巴西联合蛋白质组学实验室（筹）主任，同时被任命为中国热带农业科学院国际合作交流处副处长，2014 年陈松笔被选为中国热带农业科学院国际合作领域带头人，他多次应邀出席国际会议，所作学术报告赢得国内外同行一致好评。他曾代表中国热带农业科学院以热带作物行业专家身份，多次陪同农业部领导赴非洲考察中非农业合作项目情况，2013 年被选为中英非“农业技术转移”国际合作项目和世界银行“农业投资与市场发展”项目的咨询、实施和评估组专家，期间多次赴乌干达执行项目，并受邀出席中英非高层论坛，商讨中非合作的框架和前景，获得农业部等相关部门的高度肯定，为我国热带作物产业发展树立了良好形象。陈松笔博士在木薯蛋白质组及国际交流与合作中有突出贡献，2014—2015 年培养 1 名喀麦隆博士生，缅甸及巴西外籍博士后各 1 名。

厚积，必发。陈松笔博士的步伐越迈越大，他的步伐也将加快热带事业对外合作交流的步伐。愿他与他深爱的热作事业一起越走越远。

一身橡胶味儿的“泥腿子专家”

——记中国热带农业科学院橡胶研究所　林钊沐研究员

时间：2016-06-14

“泥腿子专家”，这是胶农送给中国热带农业科学院橡胶研究所研究员林钊沐的“绰号”。同事们说，这个绰号道出了林钊沐深入基层、为民办事的朴实作风。

在美丽的海南岛和云南西双版纳，随处可见的是成片的橡胶林，组成一道道美丽的风景线，让人应接不暇。

如今，海南省的橡胶产业给社会、经济和生态带来的效益与往昔不可同日而语。海南在“千百个林钊沐”的努力下，开始步入小康。“我深知肩上的担子尚重，只有坚持梦想，孜孜不倦地拼搏，才能让更多的农民脱贫致富。”林钊沐说。

把农民装在心里

“我自从事农业科学研究以来，一直都梦想着有一天通过自己的科研成果转化，能让海南省的贫苦农民都能够脱贫致富。”林钊沐说。多年来，林钊沐奋战在科研第一线，时刻把农民装在心中，把农民利益放在第一位。

“很多时候，会到野外调研，到地头做现场技术示范与指导，日晒雨淋是常有的事情。过去因为单位交通工具有限，出差经常要坐公共汽车，到一些地方农场下午晚一些就没有回城的车了，所以不止一次在办公室过夜，睡在办公桌上，蚊子多时就点蚊香，洗澡只能等天黑后到水井打水冲洗。”林钊沐说，尽管条件无比艰苦，他仍乐在其中，每到一地，都会认真传授技术和经验。

2002—2006年，中国热带农业科学院橡胶研究所承担了由海南省发展计划厅立项支持的“海南省生态扶贫项目”示范点之一的陵水黎族自治县大里乡示范基地建设。

“该项目是为了在加强海南省中部山区森林资源保护的同时，充分利用当地生态资源，发展林下经济，增加当地农民，主要为黎族等少数民族增加收益。”林钊沐说。

为了把项目做实，林钊沐常常要到山上调研。上山时，他和同事们每人手拿一把镰刀，走在危险的山路或是没有路的灌木草丛中，被蚂蟥、蚊子叮咬和荆棘剐破皮是常有的事，下山后经常是手脚布满伤疤。

艰辛的付出收获了良好的结果，当地农民获得了显著的收益。林钊沐他们所到之处，都受到当地农民的欢迎。

把成果落到实处

“看到村里的农民一年到头忙碌不停，到年底却仍然为不能填饱肚子而发愁，我很是心痛。”林钊沐立志做好科研成果的转化和推广。

这些年，林钊沐及其团队将橡胶树高产栽培综合技术、橡胶树增产刺激剂、橡胶树等热带作物营养诊断技术及专用肥研制与应用等多项科技成果在海南大地开花结果，获得了巨大的经济效益和社会效益。为了使科研成果得到更好地推广，林钊沐长期深入农场的生产队以及乡村，给工人、农民上课。

橡胶树是一种对管理技术要求很高的热带作物，不但栽培管理要有技术规程，割胶也有严格的技术要求。为了研究橡胶树生长所需的最优条件，林钊沐经常一头扎进试验基地里，有时半个月都不回家，吃住都在这里，条件虽然艰苦，但他乐此不疲。

在试验基地里，他种植试验树苗，进行施肥管理、搞测量。等一期试验完成了，他变得又黑又瘦，但心里却无比高兴。

林钊沐说："科学研究并不只是实验室里的瓶瓶罐罐和各种复杂仪器。"他经常下到偏远的山区收集数据、采集样本，他的双脚踏遍了海南岛有橡胶树的每一个角落。

30 多年来，他带领团队针对胶园水土流失导致土壤退化、施肥不合理造成肥料效应低下、常年采胶引起养分大量流失等突出问题，经过联合攻关，建立起橡胶园养分资源高效管理和精细化施肥技术体系。

林钊沐先后负责或主要参加国家、省部级等科研课题 50 多项，发表论文 100 余篇，获国家、省、部级成果奖 10 多项。"十一五""十二五"期间，他被聘为现代农业产业技术体系岗位科学家。

"我并不满足于取得的科研成果，我更看重的是这些科研成果能够转化应用，真正服务于农民，帮助农民发家致富。"林钊沐说。

事实也是如此，如今，海南省迅猛发展起来的橡胶产业已带来了巨大的社会效益、经济效益和生态效益，已帮助这里的农民致富奔小康。

让黎族传统医药焕发新机

——记中国热带农业科学院热带生物技术研究所　戴好富研究员

时间：2016-05-24

黎族是海南世居民族，黎药是我国中医药宝库中的一个重要组成部分。黎药在毒蛇咬伤、跌打损伤、接骨、风湿、疟疾等方面治疗疗效显著，至今还在海南中南部黎族村寨发挥着独特作用。然而，由于黎族没有自己的文字，只能通过口传手授的方式传承黎族民间医药知识，黎药传承现状堪忧。

2015年，在海口举行的海南省科学技术奖励大会上，一项荣获一等奖的项目让人眼前一亮。这项由中国热带农业科学院研究员戴好富率领科研团队，历经11年潜心研究的科研成果，填补了我国热带地区重要天然药物及黎药相关空白，构建了海南特有黎族传统医药知识系统，全面抢救和传承了黎族传统用药经验，避免了黎族传统医药面临遗忘及失传的危险。

心怀梦想与黎药结缘

海南黎族历史悠久，最早可以追溯到秦汉时期，在繁衍生息中，创造了独具特色的黎药。随着时代的变迁，黎族年轻人不再愿意学习黎药知识，再加上天然林被破坏，黎药原材料越来越少，黎药面临着巨大挑战。

2004年，戴好富从德国杜塞尔多夫大学结束博士后研究，进入中国热带农业科学院热带生物技术研究所工作。做天然产物化学研究的他不愿意看到如此有价值的资源消失，决定将黎药带出深山老林，让世人所熟知，让世人认可。

经过调研，戴好富发现，只有加快开发利用，黎药才能延续下去。“想要开发就必须摸清楚黎药的配方和所用植物的详细信息，但因黎药是口口相传的，市面上没有现成的参考资料，那我们就自己做一本黎药的大百科全书。”戴好富说。

深入山寨遍收验方

于是，戴好富开始带领课题组深入黎族村寨，走访乡间黎医，收集民间验方。进山后，蚊虫肆虐的茅草房和并不合胃口的饭菜是大家要克服的首要困难。其次是山里的蚂蟥和毒蛇。课题组的成员经常下山后掀开衣服发现身上布满了蚂蟥或伤口，大家就互相打趣：“今天你收集了几只蚂蟥？”

适应了山里的环境后，更大的困难摆在了戴好富等人前面：稍微说到关于黎药的话题，黎族同胞就闭口不语了。因为黎族的经验处方从来不外传，特别是祖传的经验处方，只有极少数人掌握，具有很强的保密性。戴好富和黎族人一起生活，耐心细致地表明自己的来意，和黎族村民聊到月落星沉。黎医们也渐渐明白了，戴好富此行不是为了和他们抢饭碗，也不是骗方子，而是为了让黎药发扬光大。

渐渐地，村里的药王成了戴好富的朋友，当地人许多家里保存的黎药处方也拿出来给戴好富做记录。

整理研发填补空白

经过11年的努力，戴好富带领团队跑遍了海南黎族同胞聚居的11个市县的 105 个村寨，系统摸清了黎药资源现状，为全面保护和综合开发利用黎药资源取得了第一手翔实的科学资料。

他们首次科学规范地从植物学名、拉丁学名、黎语发音、药名、植物来源和民间应用等方面编研了黎药 632 种，整理验方 7 776 个，涉及病种 660 个，翻译确证黎族语言文字药名 636 个，确证附方使用药物基原 1 351 种，出版了《黎族药志》（共三卷）和《海南黎族民间验方集》。他们还建立了海南黎药资源数据共享平台，提高了调查研究成果信息共用共享的实用性和公益性。

戴好富团队建立了黎药资源种质圃，对 511 种黎药植物进行迁地保护，其中珍稀植物有 12 种。他们完成了 29 种特色黎药的药效物质基础研究，共分享鉴定新物质 86 个、有开发应用前景的活性物质 193 个，在此基础上研制出了丁国胶囊、血竭外用软膏、血竭活络油等 30 个黎药相关新产品，形成了黎药资源调查与整理、珍稀黎药的抚育和种植、有效成分的发现、特色新产品“产学研一体化”的海南省黎药产业技术研究体系和发展模式。

戴好富说，下一步将继续立足海南特色，挖掘黎药资源，利用现代技术造福人类健康。

耕耘在甜蜜的田野上

——记中国热带农业科学院热带生物技术研究所　　杨本鹏研究员

时间：2016-05-15

春天，是播种希望的季节，也是甘蔗收获的季节。

3 月 25 日，广西崇左市扶绥县岜盆村，甘蔗地。一场甘蔗栽培技术现场观摩培训会正在举行。

“杨教授，种你的甘蔗产量上得去吗？”当地一位甘蔗种植户充满疑惑地问。

“你自己看嘛，你种的甘蔗一亩 4~5 吨，我们种的甘蔗，又粗又壮，都来数数，一亩地有多少株？大家好好种，每亩 7~8 吨，好的 9 吨都有。”中国热带农业科学院热带生物技术研究所杨本鹏研究员笑眯眯地回答。

“这是第一代苗吗？”一位种植户得到肯定的回答后，高兴地说：“没想到啊，第一代就这么粗，我前年种的才长成像条藤一样粗，我们都以为第一代、第二代不能用呢。”

“第一代怎么不行呢？那是没育好苗，你看，我们的脱毒健康种苗第一代就这么好，后面肯定越来越好！”看着眼前这群朴实的甘蔗种植户，杨本鹏充满信心地说。

走上甘蔗研究道路

1986年7月，杨本鹏大学毕业后留校从事科技扶贫工作。30年来，他干过十几个工作岗位，但始终离不开科技扶贫第一线。足迹遍布海南中部山区、广西十万大山……贫困山区的农民真是穷啊！怎么样才能让当地农民真正脱贫？杨本鹏将这件事放在了心里：“我当时就想，要靠产业，要发展脱贫致富的支柱产业，让农民自己造血，才能真正脱贫致富奔小康。”

杨本鹏把眼光投向了甘蔗产业。

甘蔗是我国第一大热带经济作物，是制糖的主要原料。糖又是人类身体所需的元素，也是重要的食品和能源工业原料。发展甘蔗生产，对提高人民的生活、促进农业发展，乃至对整个国民经济的发展都具有重要的地位和作用。

真正开始甘蔗研究之旅是从2001年开始。

当时，在中国热带农业科学院，还没有一个人研究甘蔗。甘蔗的研究基础为零。

选择了这条路，那就意味着“苦”，所有的工作都要从零开始。

第一株甘蔗脱毒种苗

甘蔗品种退化是制约我国甘蔗产业发展的瓶颈问题之一。要做大做强甘蔗产业，首先要解决品种退化这个难题。

正常甘蔗种苗连续种植5年后就会感病，而甘蔗选育种的过程一般需要10年以上，快的也要8~9年。这意味着，选育出来的甘蔗品种都是感病的，这直接影响甘蔗的产量和糖分。而经过脱毒的种苗，能够恢复母本性状，不带病，产量自然比不脱毒的高。

杨本鹏一头扎进实验室，开始了甘蔗脱毒种苗的研究。

当时实验室刚刚组建，设在海口，只有2个科研人员。所有的家当就是一台超净工作台。

起步不容易，创新更不容易。甘蔗脱毒的过程需要好几个步骤：截茎秆、综合处理、消毒灭菌、剥取生长点、诱导培养、增殖快繁……稍有不慎，哪个环节出错了，又得从头再来。比如，温水处理时，水温过高，会把甘蔗芽烫死；消毒不彻底，会导致生长点污染，最终的结果就是不出苗。

每个环节，都没有前人的经验参考，要靠自己一点点摸索。查阅了国内外各种文献，尝试了几十种方法，前前后后，做了大半年，还是没有做出脱毒苗。

杨本鹏心里特别着急，他那时还兼任行政职务，周一到周五要在儋州工作。每到周五，一下班，他立即驱车从儋州赶回海口，一头钻进实验室，总结失败经验，自己动手去做脱毒苗。

来来回回摸索了 1 个月，他做的那批苗终于长出来了！

回想当时的情景，杨本鹏特别自豪："我们的第一株脱毒苗是我亲手培育出来的！"

研发甘蔗配套生产栽培技术

甘蔗生产是条完整的产业链，解决了产前脱毒苗的问题，接下来就是要解决产中如何规模化移栽、田间扩繁、配套生产栽培等问题。

杨本鹏在海口院区一块空地上建起了温室大棚，搞起了甘蔗试验田。从实验室出来的甘蔗脱毒种苗在这里进行扩繁。

每天早上，9:00—9:30，是他雷打不动的巡查时间。他蹲在甘蔗地里，像看着自己的孩子一样，仔细查看每一株苗的生长情况，并一一做上标记。

在他的精心照顾下，采用温室大棚移栽假植、露天裸根移栽假植和露天穴盘移栽假植 3 种移栽技术栽培的甘蔗脱毒苗，成活率分别达到 98%、95%和 98%。

经过两年的田间试验，甘蔗脱毒种苗已经可以规模化生产。杨本鹏又在海南临高县皇桐镇找了块地，建立了甘蔗高产示范基地。在这块地里，他开始了配套生产技术的研发。

"杨老师动手能力特别强，甘蔗栽培技术是个繁杂的活儿，开沟、施基肥、回土、安装滴管、盖地膜、移栽、淋定根水……每个环节，每个步骤，他都亲自动手。"甘蔗研究团队成员蔡文伟说。

蔡文伟从 2004 年起就跟着杨本鹏搞甘蔗研究，对他了解颇深："杨老师做事情特别认真，在盖地膜的时候，他自己推着盖膜机，就让我在旁边用计时器算时间，测算一个普通人一天能盖多少亩。这样子，就能算出来，盖膜环节请人工和用机械各需要多少成本。"

杨本鹏的心里有本账："甘蔗生产栽培环节很多，我在每个环节上下功夫，提高一点，节约一点，种植甘蔗的总成本就会减少不少，农民的收益就会实实在在得到提高。"

“测多少就是多少”

一分耕耘一分收获。2008 年 12 月，海南省科技厅组织专家对甘蔗脱毒种苗田间栽培进行了现场验收。

通常的现场鉴定是从一块地里抽取 20 个样本，看有多少有效茎，测一测平均的株高，再通过公式计算出这块地的甘蔗产量。这种算法，测的是理论产量，选的样本随机性比较大，有误差，数据就不够准确。

杨本鹏戴着草帽，在甘蔗地里，挥着砍刀，对团队成员鼓劲：“咱做研究要的就是实实在在的数据，咱们整片砍，长的短的，粗的瘦的，都砍下来测算，测多少就是多少，看咱们的技术是不是真能增产。”

在杨本鹏的带领下，十多个大小伙子挥刀上前。一小块试验区里有七八百斤甘蔗，共有 10 多个试验区，近万斤的甘蔗。大家从早上砍到黄昏，一砍就是一整天。

专家组也被这个团队感动了。称完后，专家们经统计发现，新台糖 22 号脱毒甘蔗苗亩产 8 320 千克，比不脱毒的种苗亩产 6 612 千克增产 26%。

该项技术也于 2009 年获得了海南省科技进步二等奖。成果整体达到了国际先进水平。采用该套技术种植甘蔗，可以提高产量 20%以上，提高蔗糖分含量 0. 5~1 个百分点，同时还节约用种 60%以上。

农民争相用牛车来拉苗

2008 年，经过 7 年的艰辛研究，甘蔗脱毒健康种苗及其配套栽培技术终于呱呱落地了。

怎么样才能让广大蔗农用上这套技术呢？首先得让农民相信自己。

多年的科技扶贫工作经历，让杨本鹏积累了丰富的科技推广经验。他首先做的是建立示范基地。

“我说得再好，都不如让农民自己到地头上看。”杨本鹏说。

杨本鹏开始马不停蹄地奔赴海南、广西、云南等甘蔗产区，与企业洽谈，与农技部门合作，建设甘蔗高产示范基地。

忙，实在是太忙了。也是在这一年，他下定决心辞去了中国热带农业科学院院长助理等职务，全心全意地扑到了甘蔗事业上。

广西崇左，举目尽是茫茫蔗海。这里的甘蔗种植面积分别占全国、广西总产量的五分之一和四分之一。

杨本鹏把目光投在了这里。他与广西康田公司合作，在崇左市扶绥县建立了千亩示范基地。

粗壮、高产的甘蔗脱毒苗，很快吸引了当地农民。在康仲村示范基地，周边的农民赶着自家的牛车，争先恐后前来拉种苗。

“这苗长得这么好，真是少有啊。”农民们交口称赞。

当地村民高高兴兴砍了甘蔗，回去试种，收获时一称，亩产普遍超过7吨。

有个蔗农告诉记者，“亩产可以达到12吨！”旁边的村支部书记也给予了证实：“真是想不到啊，这苗那么高产！”。

大家都一致说：“这样种甘蔗，很有搞头！”

他们纷纷给亲戚、朋友打电话：“我在杨教授那里拿的苗高产，你们赶紧来！”

一传十，十传百，甘蔗脱毒种苗渐渐推广开来。

目前，杨本鹏已在海南、广西、云南等地累计建立了各类示范基地（点）150多个，培训各类人员1.5万人次。甘蔗脱毒种苗综合技术在蔗区开花结果。7年来，累计推广应用59万多亩，平均亩增产2吨，蔗农每亩增加纯收入700元以上。

为了做大做强甘蔗产业，杨本鹏组建了甘蔗研究团队，打造全产业链。

团队成员张树珍研究员开展了转基因甘蔗研究，抢占世界甘蔗研究前沿技术；团队成员李明研究员正加紧研发甘蔗机械，解决目前甘蔗种植人工成本过高等问题；团队成员李积华研究员从榨糖后废弃的甘蔗渣中提取出纳米纤维素，再做成面膜、包装材料等，向甘蔗深加工要效益……

从工作到现在，整整过去了30年。杨本鹏获得了很多荣誉：全国首届科技文化卫生“三下乡”先进个人、全国科技扶贫先进工作者、全国振华科技扶贫奖、全国农业先进个人等。

但是，在他的字典里，只有“农民”，却没有“荣誉”。他的荣誉早已写在甜蜜的田野上，写在了农民增产丰收的喜悦中。

贵州芒果　首席专家“护航”

——记中国热带农业科学院热带作物品种资源研究所　陈业渊研究员

时间：2016-04-07

近年来，贵州开始种植蓝莓、火龙果等外来水果，如今贵州外来水果又有了新成员——芒果。3月26日，在贵州第四届人才博览会开幕式上，中国热带农业科学院热带作物品种资源研究所所长陈业渊成为贵州省第二批“百人领军人才”，并获得100万元项目奖金。他这次带来的项目就是在贵州种植推广芒果。

那么，在贵州目前种植芒果是什么规模，有哪些优势，未来又将向哪个方向发展呢？贵州都市报记者采访了芒果行业科技首席专家陈业渊。

气候将成最大优势

陈业渊介绍，目前中国有7个省份种植芒果，分别是广西、海南、云南、广东、福建、四川、贵州。贵州是第7个种植芒果的省份，其他6个省份已经比较成熟，贵州处于起步阶段，属于芒果的新发展区域。全国芒果的种植面积共有100多万亩，贵州省接近2万亩。

芒果属于亚热带水果，对种植的气温有着严格的要求，年平均气温在19℃以上，贵州省的热区就比较适宜种植。目前，芒果种植主要在望谟、册亨、贞丰、兴义等地。贵州日温差大，这对于水果种植的优势在于维生素、矿物质等营养成分积累较好，甜蜜度很高。

陈业渊团队多年前开始在贵州试种芒果，通过试种，团队发现，贵州气候较适宜中晚熟品种。他解释，广西的芒果成熟上市期在每年8月之前，海南更早一些，5月之前已经上市，四川的芒果则在9月以后成熟上市。而贵州的芒果在8—9月成熟上市，这样一来，除了风味优胜，在全国芒果的“空窗期”上市，估计未来价格也会很“漂亮”。

走“绿色生态”路线

陈业渊获得100万元奖金，他说将用于芒果品种筛选以及种植推广。他告诉记者，贵州引进人才的力度很大，生态环境吸引了不少人才，而在芒果种植方面也要走绿色生态路线，一边种植芒果，一边保护生态。他举例，团队在贵州种植的金芒果，一口咬下去，风味很好，也就是老百姓说的好吃，这无疑与自然生态环境息息相关。

一方面有了成熟期的“物以稀为贵”，另一方面走绿色生态路线，贵州芒果大有“钱途”。

目前，贵州试种芒果3年左右的树挂果500多千克，陈业渊介绍，未来果树越来越大，产量将会越来越高，芒果树7~8年是盛产期，亩产量2 000多千克，甚至更好。如果管理得当，老百姓种植芒果的收益可观。

陈业渊团队主要负责筛选、引进适合贵州的品种。全世界拥有1 000多种芒果，中国有40多个品种，在贵州试种的有20多个品种。贵州省农业科学院热带作物研究所负责种植应用技术，双方分工合作。贵州省农业科学院热带作物研究所成立 8 人团队，其中 1 人是博士，专门与陈业渊团队共同负责贵州芒果的引种、推广。

筛选耐寒品种

通过几年的试种，陈业渊发现最大的问题是每年 1 月贵州的气温较低，偶尔会有较严重的霜冻，这对芒果的成长影响较严重。一方面，他们试图引进一些耐寒品种来种植；另一方面，与气象部门跨界合作，选择一些不易霜冻的区域来种植。陈业渊预计，通过 2~3 年的系统筛选、引种，贵州芒果会在未来 5 年较大面积推广种植。

把文章谱写热区大地

——记中国热带农业科学院椰子研究所　　刘立云研究员

时间：2016-03-09

刘立云，研究员，硕士研究生导师，椰子研究所槟榔研究室主任。在椰子研究所工作 20 多年，刘立云认真负责，脚踏实地，任劳任怨，刻苦钻研，一直奋战在热区油料作物和经济棕榈作物种植研究第一线。刘立云在努力提高自身学术水平的同时，注重科技成果的转化，坚持把论文写在世界热区大地上，为海南的椰子、槟榔种植公司以及农民解决了大量的生产技术难题，为海南省农村经济的发展作出了突出的贡献，连续两年获中国热带农业科学院“科技服务‘三农’”先进个人荣誉称号；并为非洲及中东国家的棕榈作物种植提供了大量的技术援助，获得了良好的国际声誉，获得科摩罗联盟副总统颁发的荣誉证书及农业部和商务部颁发的援非证书，为国家援非工作做出了突出贡献，有力支持了国家的总体外交。

在摸索中不断提高科研业务能力，成果丰硕

刘立云自 1995 年到中国热带农业科学院椰子研究所工作以来，一直无怨无悔，在当时极其简陋而艰难困苦的条件下，在科研和生产第一线从事研究与推广服务工作，全身心致力于椰子、槟榔等棕榈作物的新品种培育、低产园改造与丰产栽培技术的研究工作，在大量田间生产实践的基础上进行了理论总结和技术创新，并在生产上进行了大量推广应用，把理论创新、生产实践与服务“三农”密切结合起来，在椰子、槟榔、油棕等作物的植物营养分析与栽培管理方面作出了开创性的贡献，尤其是在棕榈植物营养分析和应用方面形成了独到的理论与方法，并推广应用，成效显著。在做好自身科研工作的同时，刘立云在担任椰子研究所特色作物研究室主任期间，带领研究团队积极开展科研项目、成果、奖项的策划和申报等工作，先后主持了8项省部级项目，发表学术论文40余篇，其中SCI论文2篇，以第一完成人制订槟榔地方标准4项，鉴定成果2项，获国家发明专利2项，作为第一完成人获省级科技奖二等奖1项，院、市一等奖2项，作为第二完成人获省科技二等奖1项，作为第四完成人获全国农牧渔业丰收二等奖1项，作为第六完成人获全国农牧渔业丰收一等奖1项，作为主要参与人获得了其他省部级奖项多项。

突破槟榔低产瓶颈，成效显著

针对海南槟榔种植中农民普遍存在重收轻管的观念，以及缺乏科学管理技术指导导致了全省槟榔低产园大面积出现等问题，刘立云结合海南土壤养分研究基础，根据槟榔的营养生长特性，按照不同生长时期槟榔对养分的需求，进行了大量的调查和研究分析，带领研究团队通过反复试验和实践，研发出了槟榔系列专用肥，主要有苗期肥、促花保果肥和壮果肥3种，目前槟榔专用肥已经在万宁、琼海、文昌等市县推广面积4 000多亩，大量生产实践证明施用促花保果肥及壮果肥，对槟榔树的生长效果良好，促进槟榔多开雌花、花穗舒展、开散，减少落花落果，可使产量显著提高50%以上，获得了槟榔种植户的一致好评。

服务“三农”亲力亲为，把技术毫无保留地传授

为规范槟榔种苗市场良莠不齐、市场紊乱的现状，刘立云带领团队培育了“热研1号”槟榔新品种，并在海南省琼海、万宁、三亚、乐东等地推广种植面积约3 000亩。

作为一名技术专家，刘立云无数次组织和参与科技下乡活动，带领科技人员到文昌、万宁的多个乡镇进行椰子、槟榔的栽培和病虫害防治方面的技术培训，对农民提出的在生产中碰到的技术难题耐心解答并下到田间地头进行现场技术指导，发放技术资料，在椰子研究所槟榔种植示范基地对外进行了1 200多人次的槟榔栽培技术培训，发放宣传资料3 000多份。同时，积极提供技术服务，为海南多个椰子、槟榔种植基地进行土壤、叶片等测试服务，提供技术支持，指导其生产管理，与海南多家公司与有关部门建立了良好的合作关系，极大地提升了海南广大农民、企业的椰子、槟榔种植水平，取得了良好的经济效益和社会效益。

以身作则，冲在抗灾减灾第一线

在多次遇到的重大自然灾害面前，如 2008 年的特大寒害、2010 年的特大水灾、2014 年的特大风灾。刘立云总是勇敢面对，第一个站出来，感染、鼓舞、带动身旁的一大群人，与农民群众一道进行灾后的重建、恢复工作。

2014 年 7 月海南遭受“威马逊”强台风严重袭击，海南的农业遭受严重的打击，特别是文昌等周边市县受灾特别严重。刘立云带领团队立即深入文昌市的翁田、冯坡、宝芳、迈号、蓬莱、南阳、文教、头宛、东阁、潭牛等重灾区乡镇调查农作物受灾情况，经常冒着炎炎烈日深入灾区第一线详细调查作物的受损、病虫害等情况，现场指导农民进行灾后恢复处理。刘立云还利用晚上的时间加班加点编写了有针对性的灾后恢复应急措施实用技术手册，在海南的“农业科技 110”网站上发布，并且印制了 3 000 余份的明白纸，在重灾区现场进行反复讲解相关技术措施，安抚受灾农民，帮助农民尽快恢复生产，尽量减少损失。

在随后的灾后恢复重建期间，又先后配合海南省“农业科技 110”指挥中心和海南省接待安置印支难民办公室和海南省农垦侨联，在定安、澄迈、海口等多地的乡镇和农场开办多个槟榔灾后恢复措施的技术讲座，为海南广大农村的槟榔种植户和一些农场的灾民、难（侨）民提供了及时且有针对性的技术援助，有力地支持了政府有关部门的灾后重建工作。

不负祖国重托，努力开创农业技术援外工作

2009 年 8 月至 2010 年 8 月，刘立云受农业部和商务部的委派，参加了在中非合作论坛北京峰会上胡锦涛主席提出的“援非八项举措”的“百名援非高级农业专家项目”，担任科摩罗高级农业专家，指导了科摩罗大量的热带作物生产，解决了当地大量的技术难题，并先后在 3 个岛屿进行了调查研究，先后完成了 22 个农业区的椰子、香蕉、荔枝、香料等热带作物的调查研究和生产发展规划，并对当地的农业技人员和农民进行了热带作物生产的实用技术培训，培训学员 1 200 多人次。在科摩罗工作期间在大使馆和商务处的领导下，刘立云始终把祖国的利益、荣誉放在第一位，克服了非洲艰苦的生活条件、恶劣的气候环境、疾病等的困扰，圆满地完成了国家交给的重任，有力地支持了我国在科摩罗的外交工作。在科摩罗的农业技术服务工作成绩突出，回国时获得了科摩罗联盟副总统亲自颁发的荣誉证书，并获得了我国农业部和商务部联合颁发的援非荣誉证书。

2015 年 4 月至 8 月，参加了国家的“一带一路”的中阿椰枣农业合作项目，顶着中东沙漠的炎炎烈日，调查了多个阿拉伯联合酋长国迪拜省的椰枣种植园，并采集了大量植物、土壤样品带回国内进行了分析测试，为迪拜园林局编制了长期的椰枣园施肥技术建议报告。

把农业科技论文写在红土地上

——记中国热带农业科学院副院长　谢江辉研究员

时间：2016-03-09

“搞农业科研的人，不能自娱自乐，要与民同乐，让科研成果造福农民。”

“我们的价值，就‘种’在红土地上。”

“每一个新人都要先到农村蹲点 1~3 个月，了解农村和农民的需要，再回来做农业方面的科研。”

“在我们所，不是所长的工资最高，是能干事的科研人员的工资最高。”

……

这位快人快语、创新务实的科研工作者就是中国热带农业科学院副院长、原南亚热带作物研究所所长、农业农村部热带果树生物学重点实验室主任、湛江农业界年轻的老专家——40 多岁的谢江辉。作为农业科学研究员，谢江辉带领科研团队进行科研攻关，为廉江荔枝、覃斗芒果、徐闻香蕉、菠萝等插上了科研的翅膀，助力湛江的农作物走出国门，打响了湛江特色农业品牌。

到田头为果农“把脉”

近年来，廉江荔枝不断走出省门，打入国内各大超市，几乎成了荔枝行业的标准，在全国荔枝行业中独领风骚。而早在 2002 年，湛江曾爆发出一场“荔枝危机”：荔枝产量低，质量差。“量多则价贱，丰产则卖难”似乎成了廉江荔枝跳不出的“魔咒”。

然而，邻居茂名的荔枝无论品相还是销路都不错。市委、市政府看在眼里，急在心头，最终想出一个办法——设立一个荔枝的科研课题向全国招标。经过全国各大科研院所、高校等专家学者的 PK，在家门口的南亚热带作物研究所中标了。作为科研项目带头人的谢江辉马上带领科研团队深入调研。

万事开头难。科研人员兴致勃勃地来到乡下就被农民浇了一盆冷水。

“农民爱凭经验种植，对我们带去的新技术听不进去。不太爱搭理我们。”谢江辉就到田头和农民聊天。“我们一定会帮助你们把荔枝种好的，如果明年的产量质量上不去，我赔偿给你们。”谢江辉在田头给农民“打包票”。

果农迟疑了一下说：“亏了几年，死马当活马医吧，就让你们试试。”

为荔枝插上科技翅膀

谢江辉经常在荔枝林里“蹲点”，在他的带领下，整个团队都充满着不怕吃苦的干劲。一次，为了解决荔枝的施肥用药问题，谢江辉创新地给荔枝树来个“定量喂养”：“把这些树挖出来，好好研究一下它们的根茎和土壤结构等。”谢江辉说，当时这种方法在当地算是超前的，受到了农民的阻挠。于是，他干脆将农民的树买下研究。

“挖树的时候，团队里的一名博士特别让人感动，挖树的活不能让农民代劳，怕不小心把根茎挖断了。他就自己动手，一点点地挖。在烈日下，他汗流浃背，身上粘着不少泥巴，但坚持不停地挖，一边挖一边研究。挖完后，他觉得手突然好痛，原来是挖树时扭伤了。”谢江辉感动地说。

2002 年，谢江辉带领团队开始在廉江推广“荔枝老低劣果园改造技术”，其中包括套袋、高接换种，矮化栽培、花穗调控（控制荔枝抽穗长度，减少营养消耗，提高单簇挂果量）等技术。南亚所发动种植大户建示范园，对老荔枝林进行改造，通过示范作用，带动其他种植户推广新技术。

“传统的荔枝林种得太密了，荔枝没有得到充足的阳光。”谢江辉操起一把刀就砍树，果农心疼得跳起来阻拦。“把一部分树砍掉后，保证你们荔枝的产量和质量都比现在高，低了我赔你们。”谢江辉一边挥汗如雨地砍树，一边给农民许诺。很快，一亩拥有 60 株树的荔枝地只剩下 40 株。到了收成的季节，果农在惊呆之后笑得合不拢嘴了。原来的荔枝树只有树顶长荔枝，现在整棵树挂满了荔枝。果大皮薄，卖相非常好，一过磅发现产量翻番了。果农开心地跳起来，一把抱住谢江辉。

“升级换代”廉江荔枝

在南亚所的指导下，当地荔枝种植户组建了“廉江宏扬水果合作社”，建起了 800 多亩的荔枝产业带项目基地，周边近 5 000 亩荔枝园“转型升级”。

目前，优质荔枝品种“妃子笑”“桂味”在廉江的种植面积已达 17 万亩。经过高接换种的老龄荔枝园，平均亩产从 153. 4 千克增加到第四年的 636. 0 千克；经过间伐、回缩改造的妃子笑试验园，亩产从 358. 5 千克增加到第三年的583.6千克。而在2006年以前，当地果园种的大都是“白腊”“黑叶”等品种，加上高密度种植，荔枝园亩产400千克左右。

2006年，种植户梁文帅的120亩果园由于品种低劣、荔枝滞销，年收入不足5万元。近年来，他的荔枝园逐年增产，加上品种优良，来自北京、上海等地的客商纷纷上门高价订货，每年年收入有40多万元。该园自2006年改造以来，连年丰收，产量逐年提高，到了2014年，亩产已达到1 250千克，比2006年提高了3倍。

荔枝渐渐走出低谷，超越了邻近省市，受到客商的青睐，荔枝合作社如雨后春笋般冒起。廉江荔枝渐渐打出了名堂，漂洋过海到海外，进家乐福、沃尔玛等大超市。

“廉江荔枝生产代表了我们国家最高的技术水平。”谢江辉自豪地说，作为荔枝老低劣改造技术的带头人，他在廉江大力推广这项技术已经十多个年头了，推广应用达到75万亩，年新增总效益5.53亿元以上，且生态效益明显。相当于每年减少施用5 200吨甲胺磷和11.2万吨尿素。

“荔枝老低劣果园改造技术”的部分核心成果，先后获广东省农业技术推广奖二等奖和科技进步奖二等奖，海南省科技进步奖三等奖。“荔枝高产高效关键生产技术的集成与推广应用”获2011年中华农业科技奖一等奖和2014年国家科技进步奖二等奖。这是当年唯一获得国家科技进步奖的果树类科研项目。

救覃斗芒果出生天

这厢荔枝问题得到解决，那厢芒果告急。谢江辉带着团队一年四季忙个不停。

覃斗芒果开花时，一旦碰上低温阴雨天气，就会导致最终挂果极少，这种情况持续六七年了。覃斗芒果产量连年下跌，几乎到濒临灭绝。当地政府和农户按捺不住，上门“拜师学艺”。

2012年夏，雷州市农业局找到南亚所寻求科技支持。谢江辉与科研团队火速到覃斗实地调研，经过一番研究后，决定从品种结构调整、套袋技术推广等方面入手，提振当地芒果产业。

南亚所专家建议果农改种相对适应阴雨天气的品种，比如“红芒6号”，其耐低温阴雨能力较强，此前在覃斗试种，挂果较多。另外，谢江辉决定在覃斗推广延长芒果花期的技术。

然而，这项农业技术的推广并非易事。南亚所为雷州果农免费发放

6 000 个果袋，没想到果农不愿意要，因为给芒果套袋要增加人工费用。南亚所只好先在覃斗布置 2 个“红芒 6 号”套袋示范点，到了收获季节，拆袋后的芒果皮色跟红富士苹果一样，加上没有施用农药，价钱比没套袋的每千克贵 2 元多。

眼见为实，果农心悦诚服。2015 年，南亚所发放数万个果袋，被果农抢购一空。

老芒果林改造，需要锯掉枝叶，方便嫁接新品种。果农担心锯掉枝叶后，芒果树会死掉。南亚所的专家就向果农保证：“放心锯，如果树死了，每棵赔 100 元!”果农一听，大胆放手干，结果芒果树非但没死，还大幅增收。

在谢江辉科研团队的努力下，覃斗芒果起死回生，产量和质量都在恢复中。2015 年 5 月 7 日，南亚所与雷州市签合作协议，将雷州农业进行产业规划，提供农业技术服务，指导农民科学种植。

引进培育毛叶枣的“始祖”

1995 年，谢江辉大学毕业来到湛江后，最先负责的科研项目是毛叶枣。“刚到湛江，就很喜欢这里。广袤的农田，亚热带的风情，幽静的环境，是农业科研的地方。”谢江辉暗暗发誓，一定要将所学应用到这片红土地上造福农民。很快，他就创新地从外地引进试种了一种湛江没有的水果——毛叶枣。

毛叶枣是当时新兴的热带水果，谢江辉作为我国毛叶枣研究的先行者，引进 20 多个优良品种在大陆不同区域试种，先后选育了适合大陆热区发展的“高郎一号”“新世纪”“蜜枣”“蜜王”等品种，并开展了以花果调控为重点的高产优质栽培技术研究。

“刚开始时，毛叶枣水土不服，很难种起来，树上只有零星挂果，小小的，不好看也不好吃。”谢江辉就天天蹲在田里观察毛叶枣的开花、挂果、病虫害等情况，被太阳晒得黑黑的。一次，他爱人的同事看到谢江辉晒得黑黑的，就打趣地说：“怎么找了一个黑不溜秋的丈夫，真是一朵鲜花插在牛粪上，让你老公一块来我们学校当老师算了。”

谢江辉不以为然，依然天天在田头“蹲点”观察毛叶枣，连父亲从老家来看望他，也没有时间陪伴。“为了多陪陪我爸，我就把他叫到田头和我一直干活，我做科研，他帮我数树上结了多少颗枣，逐一帮我做记录。”

在谢江辉的努力下，毛叶枣渐渐适应了湛江的气候。“刚开始，毛叶枣像鸽子蛋那样小，咬下去有点涩；过了 2 年后，毛叶枣像小苹果这般大了，又脆又甜，好吃极了。”

如今，毛叶枣从无到有并发展至今约 30 万亩，年产值 6 亿元以上。该成果系列获湛江市科技进步奖三等奖、海南省科技进步奖三等奖。1999 年，谢江辉因此被破格评上中级职称。

目前，在雷州西海岸，青枣种植面积已推广到 5 万亩。这些青枣的“始祖”正是谢江辉的科研成果——1997 年引种到雷州覃斗的毛叶枣。后来经过品种驯化，培育出良种，随之引种到雷州。现在的“雷州青枣”驰名在外，农民们靠种植青枣发家致富。青枣苗木在雷州卖到脱销，出现了 15 元每株的高价。

创新机制释放科研力量

自 1995 年以来，谢江辉科研团队一直从事热带果树选育种与栽培技术的研究，在荔枝、香蕉和热带珍稀果树研究方面开展了大量的工作，取得了一系列的成果。他与科研团队一道，促进廉江的“转型升级”、挽救生命垂危的覃斗芒果，研发了“金菠萝”新品种，对香蕉抗枯萎病品种选育作研究……

然而，谢江辉却说：“搞科研做实验是一个漫长的煎熬的辛苦的过程，胜利的喜悦就是在研发推广成功的短短一瞬间，就是看到农民使用我们技术发家致富时的笑脸。”

为此，谢江辉要求，每个新人无论是博士还是硕士，都要下到农村锻炼几个月，了解农民需要一些什么技术，将对农民的感情作为科研的动力，然后再做有针对性的研究。做科研不能自娱自乐更不能孤芳自赏，要研究出农民能用得上、用得有效益的成果。

在徐闻前山镇甲村，南亚所开办了“科技小院”，免费为村民推广菠萝良种，传授农田“水肥一体化”技术。这个村，一个农民就能管理 60 多亩菠萝地，亩产从原来的 2 500 千克增加到 4 500 千克。尝到甜头的村民，每次请雷剧团来村里唱戏，都要请南亚所技术人员上台说几句。

谢江辉说，他不需要太过聪明的团队成员，而需要有耐心有恒心的成员，因为做科研拼的是耐心和韧劲，坚持到最后就是胜利。后来，谢江辉出任所长后，就探索创新了科研管理机制。

“在我们所，工资最高的不是所长，而是有能力做好做优科研项目的科研工作者。只要你做得好，不需要论资排辈拿工资，获得的绩效奖励比所长还要高。”谢江辉认为，一个人做科研的黄金时期一般是 30~45 岁，因此必须培养一批年轻的科研工作者，挖掘他们的潜力，更好更快更优地进行科研攻关。

千里之行始于足下。湛江亚热带特色农产品在国内外市场的舞台上焕发光彩，这是谢江辉带领科研团队长期用心血和汗水浇灌培育出来的果实——他们用科研成果在红土地上阐释了科技精神。

坚持行走在科研道路上的植物学家

——记中国热带农业科学院热带作物品种资源研究所　王祝年研究员

时间：2016-03-09

中国热带农业科学院热带作物品种资源研究所首席专家王祝年研究员是一位平易近人、幽默风趣的科学家。工作中他认真勤勉，把握全局；对待科研，他总是饱含热情、刻苦钻研，令人由衷敬佩。

参加工作至今已有三十余载，先后承担了农业农村部财政专项、科技部平台项目、国家科技支撑计划项目、世界银行技术援助项目、海南省重点科技计划等项目 30 余项，发表包括 SCI、EI 期刊源论文 80 多篇，出版《海南药用植物名录》《海南岛天然抗癌本草图鉴》《南药种质资源描述规范》等著作 18 部，主持制定中华人民共和国农业行业标准 4 项，申请国家专利 16 项，研发功能性南药产品 12 种，获中华农业科技奖科学研究成果一等奖、海南省科学技术奖一等奖等 9 项奖励。培养了硕士研究生 15 名，博士研究生 1 名。

三十年探索研究，成就植物学专家

王祝年研究员 1985 年 7 月毕业于兰州大学植物学专业，分配到中国热带农业科学院工作。从新疆启程，历经重重波折，终于踏上琼州大地——这个气候温暖、物种丰富的海岛，从此便与这片热土结下了不解之缘。

王祝年致力于热带野生植物资源的调查研究工作，对热带果树、花卉、南药、香料、经济林木等植物资源现状进行详细调查研究，收集了各类重要野生资源植物蜡叶标本 20 000 余份，保存了 2 500 多份重要野生植物资源，并开展了相关的鉴定、评价和开发利用研究。完成了 1 000 多份迁地保存野生植物资源重要性状的初步鉴定和评价，并开展了高效保护和利用技术研究。在儋州国家农业科技园区建设了珍稀林木育苗圃和 100 多亩核心示范基地，在海南热带植物园建成了农业部热带农业野生植物基因资源鉴定评价中心。

对于从事植物学领域的科研人员来说，野外考察是必不可少的手段，这在很多人眼中是件苦差事，但对于王祝年研究员来说，却是件乐事。在进行野外考察时，对已经认识的植物他能不厌其烦地看了一遍又一遍，见到不熟悉的植物更是驻足而观，细细研究。席地而坐，通宵达旦鉴定标本更是常事。有时，鉴定一份标本需要很长时间，甚至几年，这要求研究者不但要细心，还要有足够的耐心和恒心。多少个新纪录、特有种就是这样被发现的。

经过三十年的探索研究，终成植物学领域的专家。说起海南岛的植物种质资源，他总能侃侃而谈，如数家珍。多少人慕名而来向他讨教植物学知识，他总是热情待人，耐心讲解。中国热带农业科学院副院长刘国道研究员曾经这么赞许道："目前海南岛植物学分类专家王祝年同志当属第一人。"

热带药用植物资源研究与开发的领头羊

2003 年，王祝年研究员带领团队成员在品资所成立了南药研究室，牵头了中国热带农业科学院南药产业技术体系建设，并建立了农业部儋州热带药用植物种质资源圃（以下简称种质圃）。种质圃立足海南，面向我国和世界热区，以收集国内外南药种质资源为基础，以资源有效保护和高效利用为核心，开展南药种质资源的鉴定、评价和创新利用研究。种质圃占地 110 亩，已收集保存槟榔、益智、砂仁、巴戟天、白木香、艾纳香、萝芙木、草豆蔻等国内外重要南药种质资源 1 400 多种。

他带领团队利用现代分离分析技术，对牛角瓜、牛大力、牛筋果、黄牛木、海芒果等 20 多种南药进行化合物分离、纯化、鉴定和活性研究。迄今为止，已分离得到抗肿瘤活性的单体化合物 20 多个，并建立了功能完备的南药实验室。成为了热带药用植物资源研究与开发领域的领头羊。

2012 年他承担了"第四次全国中药资源普查"项目子课题"海南省代表性区域中药资源保护利用"，负责海南琼海、万宁、陵水 3 个市县的普查工作，共调查了 109 个样地，制作了 3 284 份蜡叶标本，共 1 642 个种，拍摄数码相片 3. 9 万余张，采集药材 250 余份，种质 110 份，采集记录海南特有及珍稀保护植物约 50 种，普查 2 639 人次，是所有参加普查的队伍中调查数量、上交数量最多的团队。在进行中药资源普查期间，往往日出而作，日落而归，在崇山峻岭或乡间小道中穿梭，一天徒步行走好几个小时，期间需要反复拉样方，记录药材名称，采集标本。晚上回到住处还要用标本纸压制一份份标本，往往忙到夜深了才能休息，第二天一大早又得继续进行野外调查，周而复始。这样的工作对于一般人来说也许枯燥乏味，但对于植物学出身的王祝年研究员来说却是一件趣事。常人眼中相似无差、平凡无奇的植物，经过他的观察和鉴定，也许就是差异显著、具有特殊功效的药材。

南药产业发展的有力推动者

对于科研工作者来说，研究方向和资源至关重要。王祝年研究员手中就拥有着令人艳羡的种质资源，而他总是不遗余力地将好资源进行推广，为农民增收作出贡献。槟榔、益智、牛大力等一个个具有广阔发展前景的南药资源都是从他手中开始流传。

在刚开始推广种植四大南药之一的益智时，农民们并不了解益智，更不愿意种植。他和团队成员就住在农户家中，与他们交朋友，向他们介绍益智的用途和良好的市场前景，并免费提供益智种苗，黎凑村这才家家户户都开始种植益智。而最初种植益智的农户都享受到了它带来的巨大经济效益，盖起了楼房，买了汽车，农民们看到地里的益智不由得心花怒放，于是带动了其他农民开始种植。还有深受海南、广东、广西人民喜爱的牛大力，也是由王祝年研究员率先试种并推广的。为促使牛大力成为我国的新兴产业，他与专家团队一道开展了大量前期研究工作，通过资源考察、产业调研、有效成分研究、组培快繁和栽培技术等方面研究，为种植者提供市场信息、优良种苗和高效种植技术，引导农民利用牛大力资源优势发展经济，使牛大力种植面积不断扩大。此外，他还研发了牛大力袋泡茶、牛大力速溶茶、牛大力胶囊、牛大力花茶等一系列牛大力产品，推动了牛大力产业的发展。

2015 年传来喜讯，由王祝年研究员主持的“南药种质资源收集保存鉴定评价与开发利用”项目，获得 2014—2015 年度农业部、科技部颁发的中华农业科技奖科学研究成果一等奖。这项成果汇集了他多年的心血，是对他推动南药产业发展的肯定。

坚持行走在科研道路上的植物学家

2015 年，王祝年研究员卸去了品资所副所长的职务，决定全身心投入科研事业。因为他知道自己更喜欢科研，更热爱植物。抽离开琐碎的公务，他即刻对我国南药产业发展现状与存在的问题进行调查与综合评价，完成了《南药优势区域布局（2016—2020 年）》的撰写与专家论证。

关于未来的科研道路，王祝年研究员还有很多设想，比如再多爬几座山，多鉴定一些植物，多收集一些种质资源，多解决一些技术难题……

现阶段的他，依然雄心壮志，依然充满激情，继续行走在科研的道路上。

一棵树的印记

——记中国热带农业科学院橡胶研究所　田维敏研究员

时间：2016-03-04

一心从研　沉浸于微观的世界

在儋州两院的路上，时常见到一个学者背着笔记本电脑，若有所思地走在路上，他就是橡胶研究所田维敏教授。下班回家，家里就是办公室，他是个一直把时间用到极致的人。

2015 年，根据《中共中央　国务院关于深化体制机制改革加快实施创新驱动发展战略的若干意见》。贯彻国家创新驱动战略，中国热带农业科学院也出台了一系列政策，让资源向科研人员倾斜，让管理人员更职业化、专业化。他辞去副所长一职，有更多的时间扎进实验室，科研需要专心钻研。

他在树木营养器官氮素贮藏机制的研究中，发现了树木营养贮藏蛋白质的分布、超微结构、生化特性是不同类群树木的分类特征，与树木氮代谢的特点密切相关，揭示了树木营养贮藏蛋白质的一种基本季节变化模式，加深了人们对树木营养器官氮素贮藏机制的认识，对于发展果树和林木施肥技术具有重要的指导意义。

在橡胶树产量形成调控机制的研究中，围绕决定橡胶树天然橡胶产量的 3 个关键因素——树干树皮中的乳管数量、两次割胶间的胶乳再生和排胶持续时间，开展次生乳管分化机制、橡胶生物合成调控机制和乳管伤口堵塞机制的研究。

近年来，该研究团队在此基础上又取得若干突破性进展：证明茉莉酸是调节乳管分化的关键信号分子，建立了适合乳管分化分子调控机制研究的一个优良实验系统，揭示了调控乳管分化的一条胁迫信号途径；证明橡胶生物合成主要受茉莉酸信号途径的正调控，提出了乳管伤口堵塞的新模型，创新了产胶、排胶调节理论，为发展天然橡胶的生产技术提供了科学依据。

难忘师恩　与桃花心木结下科研情缘

讲起研究生时代，他似乎有些激动，1992 年开始作为“橡胶夫妻”郝秉中、吴继林的首个得意门生，导师给他的课题是“大叶桃花心木营养贮藏蛋白质的研究”，两位导师是橡胶学界的泰斗，荣获 IRRDB 橡胶杰出研究金奖。

严师出高徒。研究生 3 年，实验做了 3 年，利用两院的便利条件，一边读专业课一边做研究。走在两院的主道上，仿佛看到 20 多年前，一个身影在人字梯上取样。

因为 30 年树龄的桃花心木树体很高，取样危险，“有一次摔下来，还好没事。”他笑着说道。

三年岁月，三个周期不断重复，“科研要严谨，要科学，还要系统”。他从桃花心木切入贮藏蛋白，后续又系统研究了 27 个科的树木贮藏蛋白。博士研究期间将论文延伸到细胞学、生物化学性质和生物学功能，并获陕西省优秀博士论文。

在此期间，他获得过国家自然科学基金，发表了 SCI，“论文是要务实严谨的，创新是科研的灵魂”。

工作以来，他在分子世界里探索橡胶产量形成调控机制。他用平衡术在讲一棵树，这棵橡胶树仿佛真的是有魔力的，吸引人们去探索去研究。他的研究成果处于同领域的国际领先水平，为发展橡胶树的刺激割胶技术和产量育种技术提供了科学依据。

服务产业　把论文写在大地上

说他将时间用到极致，是因为他身兼数职，农业部橡胶树生物学与遗传资源利用重点实验室主任、国家天然橡胶产业技术体系育种功能研究室主任和分子育种岗位科学家、中国热带农业科学院学术委员会委员、海南大学博士生导师。

在实验室他是探索者，在田间地头他是指导者。作为产业技术体系育种研究室主任和分子育种岗位科学家，经常带队深入田间地头，和胶农亲切交谈，了解产业需要解决的迫切科技问题，为农技人员和胶农提供技术指导。

他通过解决产业问题来指导科研，以创新意识引领科研。高产抗寒的橡胶树品种极度贫乏是制约我国天然橡胶产业发展的主要瓶颈。而高产抗寒橡胶树品种极度贫乏的根本原因是橡胶树产量构成性状难于剖析，高产性状的选择周期特别漫长，需要 30 年的时间，而且选择效率低下。如何缩短橡胶树的产量育种周期和提高育种效率是世界上橡胶树产量育种至今都没有解决的技术难题。他开始思索探究。

经过反复试验，他和团队提出并证明橡胶树产量的两个主要构成性状是次生乳管分化能力和橡胶合成效率，建立了次生乳管分化能力和橡胶合成效率的早期鉴定评价技术，并用这些技术评价了近400份橡胶树品种/种质，正在采用全基因组关联分析方法，研发产胶潜力相关的分子标记，为解决这一技术难题迈出了关键的一步。

甘为人梯　桃李满天下

听他讲科研进展，他说得最多的是他的团队——橡胶树生理与分子生物学创新团队，他说现在取得的成绩离不开导师当年的殷切指导，更是团队人员共同奋斗的结果。

“王旭初研究员于2015年入选国家高层次人才，他是我的学生。”他自豪地说道。15年来，他培养了30余名学生，遍布在祖国各地，他的学生秉承导师优秀研究作风，其中多篇学位论文荣获海南省优秀论文荣誉。

作为国家自然科学基金委员会的学科评审组成员，他有丰富的申请书撰写和项目评审经验。于是他的足迹遍布云南、广东和海南的高校及科研院所，为广大科技人员作专题报告和现场指导，培养了一批热作科技人才，为我国热带作物的科技创新作出了重要贡献。

除了这些，所里无论哪位同志的论文需要修改找到他，他都会认真修改；年轻同志科研出现难题也会找他沟通，他总是耐心指导。

献身热农　成果创丰收

近5年，他领导的团队在树木营养器官氮素贮藏机制、橡胶树产量形成调控机制、橡胶树抗寒机制及产量、抗寒性状相关分子标记研发等研究方面已发表论文183篇，其中SCI收录70篇，授权发明专利9件，出版专著2部，研究成果获海南省科学技术奖一等奖、二等奖和三等奖各1项，为发展果树和林木的施肥技术、安全高效的割胶技术和高产抗寒橡胶树品种选育技术提供了理论基础。

他个人获海南省青年科技奖；获中国侨界贡献奖（创新成果）；入选海南省“515人才工程”第一层次人选；获“海南省有突出贡献的优秀专家”荣誉称号；获“海南省优秀科技工作者”荣誉称号；获“全国优秀科技工作者”荣誉称号；获“十佳全国优秀科技工作者提名奖”荣誉称号；获“农业科研杰出人才”荣誉称号。

说到未来橡胶产业的发展，他讲到橡胶科技的三次里程碑式的事件，他的科研格局面向的是世界，他认为作为国家队的橡胶研究所，应该用革命性技术引领产业发展。

不倦追求的他，将一如既往在天然橡胶科研的天地里倾洒才情，孕育创新成果，为中国橡胶事业的发展默默耕耘。

殚精竭虑除虫害

——记中国热带农业科学院环境与植物保护研究所　彭正强研究员

时间：2016-03-01

彭正强同志，硕士研究生，研究员，博士研究生导师，入侵害虫课题组组长，任《应用昆虫学报》《生物安全学报》《热带作物学报》等杂志编委。主要从事热带入侵害虫防控、生物防治、害虫综合治理和瓢虫分类等研究。在环植所工作近 20 年，认真负责，脚踏实地，任劳任怨，严谨治学，一直奋战在热区植保科技第一线。在努力提高自身水平的同时，注重科技生产力的转化，强调科技为地区农业服务，为海南省农村经济的发展作出了巨大的贡献。

科研业务能力强，教学工作认真负责

自 1985 年参加工作以来，彭正强一直从事热带作物害虫及天敌、瓢虫分类等方面的研究，先后主持和参加海南岛热带作物主要害虫天敌昆虫资源及评价、海南岛叶螨科种类及其分布、海南岛热带作物害虫区系调查研究等多个国家级或省部级研究项目，在热带作物害虫及天敌的种类、区系、主要害虫及天敌的生物学、生态学及防治与利用等方面做了大量的工作。他主持科技部援外项目、农业部及省重点、南亚热带作物专项、农业部标准化、948 项目、基础性研究专项等省部级或国家级研究项目 20 余项，获海南省科技进步奖特等奖 1 项（排名第 1），中国植物保护学会科学技术奖一等奖（排名第 1）、二等奖 1 项（排名第 6）、三等奖 2 项（排名第 3、第 5）；近 5 年来公开发表学术论文 100 余篇，参编著作 4 部；编写或参编行业标准 3 项；获批专利 5 项；荣获全国“五一”劳动奖章，海南省“十一五”科技创新突出贡献奖，农业部“全国农业科技推广标兵”等荣誉称号。此外，他还承担了研究生的部分课程，如昆虫分类学、害虫生物防治、害虫综合治理，先后指导 10 余名本科生的毕业论文，培养研究生15名。

椰心叶甲疫情生物防治成绩显著

近年来，外来有害生物椰心叶甲在海南省肆意蔓延、为害严重，为了保护棕榈产业的发展，保护海南省“椰风海韵”的独特美景，在国家和省领导的关心与支持下，以彭正强研究员为技术负责人的研究小组对此害虫展开了深入的研究。

彭正强于2004年1月赴越南对椰心叶甲进行考察，在对其天敌生存的生态环境及气象条件等经过多方面的研究后，于当年3月从越南引进了椰心叶甲天敌——椰甲截脉姬小蜂；2004年11月从中国台湾岛成功引进了椰心叶甲的另一种天敌——啮小蜂；完成了对椰心叶甲生物学、风险分析、药剂筛选和防治等方面的研究；他先后在2004年7月和2005年3月顺利通过了对两种椰心叶甲天敌的安全性评估，并获准在大田释放；他研究摸索出一套繁蜂生产技术，现已建立起一个小型繁蜂室，日产蜂能力达10万头；室外释放天敌已初见成效，各放蜂点的受害棕榈科植物均已抽出心叶，长势得到不同程度的恢复，防效显著。鉴于在椰心叶甲防治工作中的突出表现，国家林业局于2004年11月授予彭正强同志“全国森林病虫害防治工作先进个人”称号。

全身投入科技普查、推广工作

彭正强先后于1987年、1989年、2000年对广西的水果虫害进行了普查，针对发生严重的虫害采取了有效的防治手段，实地指导当地农民如何识别、防治水果虫害。

2001年彭正强奔赴四川攀枝花市，对该市大面积发生的石榴病虫害进行细致考察，在大量调研材料的基础上，切实提出了防治石榴虫害的方法，减少了虫害的发生，为当地农民挽回了巨大的经济损失。

2004年正值云南橡胶介壳虫大面积暴发，应云南省农垦局及当地政府的邀请，彭正强带队对西双版纳等多个发生地进行了实地考察。顶着恶劣的条件在大山中一待就是一个月，而此时他的爱人却正在医院接受手术治疗，无人照看。对此，彭正强的一句“没办法，科研总得要做吧”，就折射出他对科研是如此的认真、执着，这正是值得我们广大的科研工作者学习的精神。

自1985年分配到环植所工作起，海南省的各个农场均留下了他的足迹，多年下乡指导农民防治工作已使得他对橡胶、胡椒、香蕉等热带经济作物的虫害了如指掌，先后培训了数千名的农民，促进了地方农村经济的发展。

关注青年科研工作者的发展，培养优秀人才

作为环植所老科研工作者，一直关注所里青年人的发展。刚踏入工作岗位的青年人，因身处环境的改变，有时难以适应。对此，有20年工作经验的彭正强常常教导他们，帮助他们顺利地完成角色的转变；在科研的探索之路上，遇到困难是在所难免的，如何克服是十分关键的。特别对青年工作者，如果不能正确处理此类问题，势必影响他们今后的研究道路，彭正强以所里发展和他们个人今后的发展为出发点，不厌其烦地找他们谈心，帮助他们摆正自己的心态。因此，青年人都喜欢与他进行交流。

一个研究所的发展，需要不断地注入新鲜的血液；年轻人的茁壮成长，需要老科研工作者的无私支持和帮助。彭正强十分重视他们的成长，他所掌握的知识均毫无保留地教给他们。近几年来，彭正强还不断地送青年人到别的科研院校进行培训学习，支持他们攻读博士，为研究所培育了许多优秀人才。

加强与其他兄弟单位的科研合作

近几年来，彭正强与中国科学院、华南农业大学、扬州大学、海南林业局、海南动植检及云南、海南农垦有着许多科研业务方面的合作，进行优势互补，强强合作，共同完成了多个国家省部级的科研项目。平时还加强与东南亚国家的合作，关注外来有害生物的入侵研究。

支持科技体制改革工作，为环植所的发展出谋划策

为了支持本单位的体制改革，彭正强同志认真学习党和国家的有关方针政策，提高认识，转变观念，分担所里体制改革的部分工作；自从被大家选举为本单位的工会主席以来，积极组织各类活动，丰富大家的业余生活，增加大家的凝聚力；平时深入关心职工生活，解决职工困难，集中广大科研工作者的意见，敢于向领导反映群众意见，帮助完善所里的各项制度，促进环植所的全面发展。

扎根基层科研　不断推动油棕产业发展

——记中国热带农业科学院椰子研究所　　曹红星研究员

时间：2016-01-26

从中国科学院遗传与发育生物学研究所毕业的那一刻起，曹红星便与油棕结下了不解之缘，7 年过去了，坚守油棕遗传育种研究、培育油棕研究创新团队的“阵地”，凭着“年轻”的韧性和闯劲，在扩大油棕中试试种、油棕种子种苗繁育、油棕高产和抗寒生物学基础研究等多个领域攻坚克难，为推动我国油棕产业发展屡立新功。

坚定科研信念闯出一片天地

椰风海韵，美丽动人的文昌，是她人生事业的新起点。2008 年，当时的椰子研究所油棕研究基础非常薄弱，海南省在经历过 2 次油棕大发展的失败教训后，对发展油棕产业非常谨慎，没有项目经费支持，没有完整的油棕科研试验基地，研究成果的认可度也较低。

但是她没有被困难吓倒，来到椰子所后，她从最基层干起，抓住一切渠道申请经费。当年，她得到了院本级基本科研业务费的支持，以 15 万元经费打开了油棕科研的大门。实验条件不完善，她就拉着油棕苗和样品到兄弟单位去做实验，同时积极争取仪器设备修缮购置项目的支持，购买实验所需仪器，为建立以椰子所为依托单位的海南省热带油料作物生物学重点实验室奠定基础。

油棕是世界上单产最高的油料作物，单位面积产量相当于大豆的 8 倍、花生的 6 倍、油菜的 10 倍，远远高于其他油料作物，被誉为“世界油王”。由于我国油料生产发展缓慢，目前食用油自给率仅约 38%，油脂消费严重依赖国外进口。其中，仅棕榈油每年的进口量就达到 600 多万吨，占世界棕榈油总产量的 13% 以上。她深刻地认识到油棕的价值，看到科研基地硕果累累的油棕果穗，便对自己从事的研究充满信心。

她起早摸黑，在实验室和大田里两头跑。在做油棕杂交育种时，开展了开花周期中花粉活力、柱头可受性和萌发过程相关物质的变化特性等研究，由于油棕开花周期较长，刚开始可用于研究开花结果的树少，在研究过程中如果遇到下雨或低温等天气，花粉或柱头发霉、腐烂，实验前功尽弃，从头再来，经历 2 年的 4 次失败，才得到想要的实验结果。此外，油棕的生长和种子萌发周期长，她带领团队通过对油棕树长期的定位观察和基础性数据的研究，才筛选出高产、抗寒种质资源类型，建立油棕种子种苗繁育技术体系，为进一步创新利用，培育我国具有自主知识产权的油棕新品种奠定基础。

从无到有建立油棕标准化的科研示范基地

曹红星刚到椰子所的时候，没有专门的油棕科研基地，仅有椰子大观园景区里的30株油棕树。2010年10月，曹红星带领课题组就在椰子所四队杂草丛生的胶林里开辟出一块来，定标、定植、浇水都亲自上阵。同时，积极争取基础设施改造修缮购置项目的支持，逐步完善田间设施（道路、排水沟渠、灌溉设施）、安全设施（围栏和大门）、辅助设施（育苗大棚、田间作业所需的农用设备和农用物资）等，科研基地设施齐全，初具规模，建成80亩油棕种质资源圃、80亩油棕高产栽培示范园、120亩的油棕新品种试种基地，这里已经俨然成为油棕科学研究、项目执行、技术示范和成果转化的“桥头堡”。

引种过程困难重重，但曹红星一一克服。目前各国对种子进出口的审批都非常严格，油棕引种历时3年，经历多次失败和教训，直到2014年10月，曹红星通过海南省林业厅向国家林业局申请引进油棕种子，并于2015年3月获批国家林业局批准的引进林木种子、苗木及其他繁殖材料检疫审批单，从国外成功引进7.5万粒油棕种子，在定安和文昌6 000亩油棕中试示范基地开展试种，使油棕引种试种工作迈上了一个新台阶。

该示范基地投产后，辽宁三和矿业投资有限公司和椰子所将在文昌建立了一个工作能力为每小时3吨的棕榈油加工厂，为我国油棕产业发展包括产前、产中和产后关键技术研究和集成示范提供平台，为今后油棕产业在我国较大规模发展做好技术储备和支撑。在推动6 000亩油棕试种基地的基础上，下一步，曹红星将进一步扩大试种面积和范围，在云南、广州和广西等地试种油棕，助推我国油棕产业的可持续发展。

与企业合作　支撑龙头企业“走出去”

随着我国龙头企业在东南亚、非洲国家和地区对油棕种植业的推进，椰子所油棕中心也通过“走出去”方式进行技术推广与服务。曹红星带领团队为天津聚龙集团在印度尼西亚的油棕种植园提供水肥管理技术、油棕重要病虫害的防控和检测技术，为其在提高油棕产量的关键技术及具体的田间实施方案等方面工作提供服务；为江苏双马化工在印度尼西亚油棕种植园提供林下种养技术；分别为辽宁三和矿业投资有限公司在刚果金、中地国际工程有限公司在塞拉利昂的油棕种植加工园，提供种植规划、可行性报告和田间管理技术；为山西德御农贸有限责任公司瓦努阿图油棕生产项目提供咨询和可行性报告等。

2013年10月，曹红星团队派人前往天津聚龙集团在印度尼西亚中加里曼丹省的油棕种植园开展技术服务，刚到时水土不服，加之生活习惯差异较大，一直生病拉肚子。再加上管理理念上的巨大差异，造成工作开展困难，但他们凭着耐心细致的工作和过硬扎实的技术，最终使项目得到迅速推进。2015 年 11 月，辽宁三和矿业投资有限公司在刚果金的 1.8 万公顷的油棕种植基地正式落地，该团队提供种植规划、种苗培育技术和后续田间管理及加工技术，拉开为“走出去”企业在非洲较大规模发展油棕种植业提供技术服务的序幕。

作为椰子所油棕研究中心主任，曹红星带领油棕科研团队不断创新探索，在油棕科研和推动产业发展中取得了一个又一个的进步。国家、海南、院所对油棕产业发展给予高度重视和大力支持。面对大好机遇，曹红星信心满满。她说，要沿着我院老一辈油棕专家开创的道路，跋涉前行，不负众望，闯出一片新天地。

发明“傻瓜化”技术的农业专家

——记中国热带农业科学院橡胶研究所　林位夫研究员

时间：2015-09-01

一提到科学家，很多人马上会与高精尖的技术联想在一起。可在中国热带农业科学院，有这样一位科学家，常因其成果被一些评委认为科技含量太低、不足以参加评奖，与科技大奖一次次失之交臂。

然而，他的成果“围洞法抗旱定植技术”“籽苗芽接育苗技术”等，却是胶农们再熟悉不过的科学技术。这些橡胶种植技术看似简单，却因其实用且经济效益明显而被胶农广泛采纳。这位科学家——林位夫，也因此为广大胶农所熟知。

农民把他当亲兄弟

林位夫是一名普通的研究员。从华南热带农业大学毕业后，他留在了中国热带农业科学院橡胶研究所，从事橡胶种植技术的研究。他取得了橡胶苗“围洞法抗旱定植技术”、护芽器等 12 件专利，主笔起草了多项关于橡胶育苗和栽培的国家标准和行业标准，出版著作《橡胶树农学辞典》。其中，他发明的“围洞法抗旱定植技术”，在早春旱期能大幅降低劳动强度并提高苗木定植成活率；“籽苗芽接育苗技术”，能大幅提高育苗效率，改善苗木质量和增强植株抗风抗旱力。

当谈到未能斩获科技大奖时，林位夫说他并不后悔，因为他给农民带来了实用易学的技术。尽管没评到奖，他依然满怀热情，一干就是 28 年。

1991 年，林位夫率领科技扶贫小组，前往海南乐东县永明乡佳西村、抱邱村等地开展技术推广。他到地里挨家挨户指导，积极与胶农沟通，说明种植密度、开垦质量和苗木质量等的重要性，手把手地教授相关技术。10 多年后，林位夫回访这些乡村，考察扶贫效果。一听说林位夫来了，村里每家每户的胶农主动出来迎接，纷纷拿出自己家最好的山兰酒——新酿出来的“头酒”，像亲兄弟一样热情招待。事实证明，采用林位夫推荐的规范化橡胶栽培技术大大提高了产量，给胶农带来了实实在在的好处。回忆起这些往事，林位夫脸上带着暖心的笑容。

创新源自“地头灵感”

林位夫最初深入农村推广技术时，常被问到“有没有既省工又省钱的技术?”面对农民热忱的目光，他常无言以对，并为拿不出更多农民急需的技术而着急和自责。

在经历几次尴尬后，林位夫明白了，农民需要的是简单易学的“傻瓜化”技术。于是，为了创新研究，他三天两头往田间地头跑，有时甚至就住到了村里，与村民同吃同劳动。正是长年和农民一起摸爬滚打，林位夫迸发出科技创新的火花。

杨传富当时是儋州市美万新村的橡胶种植辅导员，他回忆：“林教授不仅帮我们换了良种苗，还提出果、胶套种。我们一起去澄迈找江橙种苗，去海口找荔枝种苗。多亏了他，解决了美万新村胶苗种下后青黄不接的难题。”

云南通常在夏季种植橡胶苗。到了种植季节，全家老少都出动背橡胶苗。一株橡胶袋苗重达 5 千克。炎炎烈日下，人们背着胶苗走山路十分辛苦。于是林位夫研究如何减轻苗木重量，最终发明了“小筒苗育苗技术”，培育出质量很轻的小筒苗，提高了种植效率。林位夫的学生王军向记者介绍，这个技术一经推出就受到重视，云南热带作物科学研究所主动联系林位夫，要求学习推广。

积劳成疾却无怨无悔

据妻子谭海燕回忆，林位夫因常年加班，积劳成疾。特别是在白马井做课题研究时，连续 4 个月，每天上班至少 15 个小时，导致身体出现食物过敏。经常过敏给他带来了很大的困扰——食谱越来越窄，肉类只能吃猪肉，炒菜只能放油盐，连海鲜酱油都不能吃，出国只能啃面包。然而，林位夫并没有因此退缩，年近退休的他，依旧频繁出现在办公室与试验地之间，依旧因做实验忘记回家吃饭。

现在，林位夫正在推广新成果——胶园全周期间作模式，可间作瓜果、蔬菜等农作物，这是一种农林复合种植模式，不仅能提高土地利用率，还能大大增加农民收入。

西双版纳植物园生态胶园项目的负责人董博士说："这个模式不用农民来承担生态功能，而且在未来用地紧张的形势下，可以让空闲地起到战略储备地的作用。"

针对胶价下跌，胶工严重短缺，林位夫还在琢磨研究割胶机器人的点子，以及培育超高产橡胶砧木的设想。在他的身上，创意的火花在不停地迸发，思维并未随年龄一同老化，反而越磨砺越发光。

参考文献

陈一星，2007. 团队建设研究：以大学生为例［M］. 北京：中央编译出版社.

邸燕茹，2013. 权力距离和不确定性规避文化视角的中国高绩效工作系统研究［D］. 北京：首都经贸大学.

胡劲松，2015. 绩效管理从入门到精通［M］. 北京：清华大学出版社.

黄贤贵，程惠香，胡习斌，等，2008. 浅谈加快科研院所科技创新团队建设的若干举措［J］. 江西农业学报（1）：154-156.

黄玉清，2008. 创建高绩效的项目团队［M］. 上海：华东理工大学出版社.

姜铁，杨涛，2021. 关于科研工作中的党建思考［J］. 中华临床医师杂志，15（4）：241-243.

蒋日富，霍国庆，谭红军，等，2007. 科研团队知识创新绩效影响要素研究：基于我国国立科研机构的调查分析［J］. 科学学研究（2）：364-372.

蒋巍巍，2013. 打造高绩效团队［M］. 北京：中国电力出版社.

金君，2021. 国有企业竞争力提升中的党建引领研究：以国有建筑企业J公司为例［D］. 上海：华东政法大学.

科技部人才中心政策研究小组，2021. 党的十八大以来科技人才政策综述［J］. 中国科技人才（5）：8.

李华，2016. 从创新到规划：中国共产党“党的建设规划”命题的理论逻辑［J］. 中共福建省委党校学报（6）：18-25.

李巨光，2007. 浅议高绩效科研团队的构建［J］. 农业科技管理（6）：90-93，96.

李胜，陈晓强，江蛟，2010. 农业科研院所科研团队建设影响因素研究［J］. 江西农业学报（5）：191-193.

梁荣强，2008. 人力资源高绩效工作系统特征的机制研究［D］. 杭州：

浙江大学.
刘嫣，2021. 非公党建对企业发展的促进作用研究：以湖北 MH 公司为例［D］. 武汉：武汉理工大学.
陆剑，2020. 乡村振兴背景下校地农业科技人才共享策略研究［D］. 镇江：江苏大学.
罗峰，2009. 嵌入、整合与政党权威的重塑：对中国执政党、国家和社会关系的考察［M］上海：上海人民出版社.
潘平，2015. 上承战略下接人才：人力资源管理高端视野［M］. 北京：清华大学出版社.
任文厚，2019. 机关党建与业务工作融合的实践与思考［J］. 河北水利（11）：11-12.
师蔚群，李捷，2021. 农业科研院所党建助推科技扶贫模式探索［J］. 江苏农业科学，49（3）：8-14.
师雪茹，陈刚，2015. 农业科研机构人力资源管理研究［M］. 北京：中国农业科学技术出版社.
师雪茹，陈刚，2020. 新形势下高效农业科研创新团队建设体系研究［J］. 农业科技管理（1）：73-76.
苏中兴，2010. 转型期中国企业的高绩效人力资源管理系统［J］. 南开管理评论（4）：99-100.
孙丽萍，2009. 我国农业科研创新能力与团队建设研究［D］. 北京：中国农业科学院.
陶金，2010. 团队建设与管理［M］. 广州：暨南大学出版社.
邬慧彧，2020. 新时代下的事业单位党建工作策略探讨［J］. 企业党建（23）：127.
邬慧彧，李莹，2020. 新时代农业科研单位提升舆论引导力的思考［J］. 农业科研经济管理，39（5）：94-96.
邬慧彧，李莹，2021. 农业科研院所党建与业务深度融合的路径研究［J］. 农业科研经济管理（1）：45-48.
阎剑平，2005. 团队管理［M］. 北京：中国纺织出版社.
杨月坤，陈鑫，2021. 乡村振兴背景下农业科技人才胜任力模型构建研究［J］. 领导科学（4）：94-98.
姚裕群，2006. 团队建设与管理［M］. 北京：首都经济贸易大学出版社.
张徽燕，李端凤，姚秦，2012. 中国情境下高绩效工作系统与企业绩效关系的元分析［J］. 南开管理评论，15（3）：139-149.
张茂林，2011. 创新背景下的高校科研团队建设研究［D］. 武汉：华中师范大学.
张卓，2014. 科研院所研发团队管理模式研究［D］. 北京：中国科学院大学（中国科学院大学人工智能学院）.
赵勇兴，王涵，2020. 科研事业单位党建与业务融合发展探究［J］. 科技创业月刊，33（9）：71-73.
BOYATZIS R E，1982. The Competent Manager：A Model for Effective Performance［M］. New York：John Wiley & Sons，Inc.：56-72.
MCCLELLAND D C，1973. Testing for Competence Rather than for "Intelligence"［J］. American Psychologist，28（1）：1-14.
SPENCER L M，SPENCER S M，1993. Competence at Work：Models for Superior Performance［M］. New York：John Wiley & Sons，Inc.：18-20.